空间结构系列图书

充气膜结构设计与施工技术指南

薛素铎 等 编著

中国建筑工业出版社

图书在版编目（CIP）数据

充气膜结构设计与施工技术指南/薛素铎等编著. —北京：中国建筑工业出版社，2019.4
（空间结构系列图书）
ISBN 978-7-112-23489-9

Ⅰ.①充… Ⅱ.①薛… Ⅲ.①充气结构-薄膜结构-结构设计-工程施工-施工技术-指南 Ⅳ.①TU353-62

中国版本图书馆CIP数据核字(2019)第050684号

近年来，充气膜结构在我国得到快速发展，无论是工程实践还是技术创新，都积累了丰富的经验。充气膜结构在材料选用、建筑与结构设计、施工安装、使用维护等方面都有其特殊性，需要专门的知识和技术。中国钢结构协会空间结构分会膜结构专业组编辑出版《充气膜结构设计与施工技术指南》，以进一步推动充气膜结构的技术发展，指导充气膜结构的工程实践。本指南编写汇集了国内从事充气膜结构的主要高校和企业，内容涉及绪论、材料、建筑与设备设计、结构设计、施工、使用与维护、典型工程案例等部分，可供从事膜结构研究、设计、制作和施工的工程技术人员及高等院校有关专业师生参考。

责任编辑：刘瑞霞　武晓涛
责任校对：姜小莲

空间结构系列图书
充气膜结构设计与施工技术指南
薛素铎 等 编著

*

中国建筑工业出版社出版、发行（北京海淀三里河路9号）
各地新华书店、建筑书店经销
北京科地亚盟排版公司制版
北京富诚彩色印刷有限公司印刷

*

开本：787×1092毫米 1/16 印张：10¼ 字数：251千字
2019年4月第一版 2019年4月第一次印刷
定价：**110.00**元
ISBN 978-7-112-23489-9
(33791)

编审委员会

序　言

中国钢结构协会空间结构分会自1993年成立至今已有二十多年，发展规模不断壮大，从最初成立时的33家会员单位，发展到遍布全国各个省市的500余家会员单位。不仅拥有从事空间网格结构、索结构、膜结构和幕墙的大中型制作与安装企业，而且拥有与空间结构配套的板材、膜材、索具、配件和支座等相关生产企业，同时还拥有从事空间结构设计与研究的设计院、科研单位和高等院校等，集聚了众多空间结构领域的专家、学者以及企业高级管理人员和技术人员，使分会成为本行业的权威性社会团体，是国内外具有重要影响力的空间结构行业组织。

多年来，空间结构分会本着积极引领行业发展、推动空间结构技术进步和努力服务会员单位的宗旨，卓有成效地开展了多项工作，主要有：（1）通过每年开展的技术交流会、专题研讨会、工程现场观摩交流会等，对空间结构的分析理论、设计方法、制作与施工建造技术等进行研讨，分享新成果，推广新技术，加强安全生产，提高工程质量，推动技术进步。（2）通过标准、指南的编制，形成指导性文件，保障行业健康发展。结合我国膜结构行业发展状况，组织编制的《膜结构技术规程》为推动我国膜结构行业的发展发挥了重要作用。在此基础上，分会陆续开展了《膜结构工程施工质量验收规程》《建筑索结构节点设计技术指南》《充气膜结构设计与施工技术指南》《充气膜结构技术规程》等编制工作。（3）通过专题技术培训，提升空间结构行业管理人员和技术人员的整体技术水平。相继开展了膜结构项目经理培训、膜结构工程管理高级研修班等活动。（4）搭建产学研合作平台，开展空间结构新产品、新技术的开发、研究、推广和应用工作，积极开展技术咨询，为会员单位提供服务并帮助解决实际问题。（5）发挥分会平台作用，加强会员单位的组织管理和规范化建设。通过会员等级评审、资质评定等工作，加强行业管理。（6）通过举办或组织参与各类国际空间结构学术交流，助力会员单位"走出去"，扩大空间结构分会的国际影响。

空间结构体系多样、形式复杂、技术创新性高，设计、制作与施工等技术难度大。近年来，随着我国经济的快速发展以及奥运会、世博会、大运会、全运会等各类大型活动的举办，对体育场馆、交通枢纽、会展中心、文化场所的建设需求极大地推动了我国空间结构的研究与工程实践，并取得了丰硕的成果。鉴于此，中国钢结构协会空间结构分会常务理事会研究决定出版"空间结构系列图书"，展现我国在空间结构领域的研究、设计、制作与施工建造等方面的最新成果。本系列图书拟包括空间结构相关的专著、技术指南、技术手册、规程解读、优秀工程设计与施工实例以及软件应用等方面的成果。希望通过该系列图书的出版，为从事空间结构行业的人员提供借鉴和参考，并为推广空间结构技术、推动空间结构行业发展做出贡献。

中国钢结构协会空间结构分会　理事长
空间结构系列图书编审委员会　主任
薛素铎
2018 年 12 月 30 日

前　　言

充气膜结构作为膜结构的重要类型之一，近些年在我国得到快速发展，据不完全统计，仅2017、2018两年间，气承式膜结构在我国的建造数量三百余座。以2008年奥运会国家游泳中心“水立方”建造为契机，采用ETFE膜材的气枕式膜结构逐步应用于诸多重要工程，其建造数量已逾八十余座。

充气膜结构的工程实践与技术创新，带动了我国充气膜结构行业的发展，除传统从事充气膜结构的公司外，一批新兴企业也开始进入充气膜结构领域。随着近两年全民健身运动的普及和国家对环境保护的要求，以及人民对文化娱乐的需求，充气膜结构有了更多用武之地，在体育场馆、料场封闭、文化娱乐场所等项目中得到大量应用。为满足功能需求，充气膜结构的跨度、单体规模也愈来愈大，这对充气膜结构技术提出了新要求。

与一般膜结构相比，充气膜结构在材料选用、建筑与结构设计、施工安装、使用维护等方面都有其特殊性，需要专门的知识和技术。然而，目前国内还没有针对充气膜结构的技术指南。鉴于此，中国钢结构协会空间结构分会膜结构专业组研究决定，编辑出版《充气膜结构设计与施工技术指南》，以进一步推动充气膜结构的技术发展，指导充气膜结构的工程实践。

本指南编写汇集了国内从事充气膜结构的主要高校和企业，主要参加的高校单位有：北京工业大学、同济大学、上海交通大学、哈尔滨工业大学、北京交通大学；主要参加的企业单位有：北京中天久业膜建筑技术有限公司、北京约顿气膜建筑技术股份有限公司、深圳市博德维环境技术股份有限公司、北京法利膜结构技术有限公司、柯沃泰膜结构（上海）有限公司、北京泰克斯隆膜技术有限责任公司、北京光翌膜结构建筑有限公司、上海同磊土木工程技术有限公司、上海太阳膜结构有限公司、北京今腾盛膜结构技术有限公司、上海海勃膜结构有限公司、华诚博远工程技术集团有限公司、华东建筑设计研究院有限公司等。

本指南内容涉及绪论、材料、建筑与设备设计、结构设计、施工、使用与维护、典型工程案例等部分，各部分撰写分工如下：第1章，薛素铎、蓝天和李雄彦；第2章，吴明儿、陈务军、王秦、王晓峰、孙国军、罗晓群；第3章，王秦、王海明、韩更赞、赵宇、谭宁、胡博天、崔家春；第4章，龚景海、陈务军、武岳、向阳、王海明、胡博天、谭宁、韩更赞；第5章，李中立、瞿鑫、胡博天、谭宁、周文刚、刘东、任思杰；第6章，胡博天、王海明、谭宁、王秦、李中立；第7章，武岳、陈务军、龚景海、韩更赞、崔家春、王海明、胡博天、王秦、谭宁；全书由薛素铎、李雄彦统稿。

本指南自2016年12月启动撰写，历时2年有余，多次召开会议研讨章节具体内容，对我国充气膜结构的发展和技术进行全面梳理和总结，并对一些技术问题开展深入研究，在此基础上形成了指南的最终稿。本指南汇集了我国充气膜结构的最新成果，具有技术先进性，对充气膜结构的设计和施工具有较好的指导作用。但由于作者知识水平有限，书中肯定存在不当或不足之处，敬请读者批评指正。

本指南出版得到以下公司的赞助支持：浙江锦达膜材科技有限公司、浙江汇锋新材料股份有限公司、浙江宏泰新材料有限公司、法国法拉利技术织物工业集团中国公司（森翡瑞（上海）复合材料有限公司）、上海西幔贸易有限公司（美国西幔公司）、日本旭硝子（AGC）株式会社（上海壹凌实业有限公司）、上海氟洛瑞高分子材料有限公司（德国NOWOFOL有限公司）。附录中列出了上述公司生产膜材的主要参数表，供大家在膜材选用和设计时参考。在此，对上述公司的大力支持表示衷心感谢。

薛素铎

2019年1月于北京工业大学

本书主要章节内容和人员分工

章节内容	负责人	参加人员
前言	薛素铎	
第 1 章　绪论	薛素铎	蓝　天　李雄彦
第 2 章　材料	吴明儿	陈务军　王　秦　王晓峰　孙国军　罗晓群
第 3 章　建筑与设备设计	王　秦	王海明　韩更赞　赵　宇　谭　宁　胡博天　崔家春
第 4 章　结构设计	龚景海	陈务军　武　岳　向　阳　王海明　胡博天　谭　宁　韩更赞
第 5 章　施工	李中立	瞿　鑫　胡博天　谭　宁　周文刚　刘　东　任思杰
第 6 章　使用与维护	胡博天	王海明　谭　宁　王　秦　李中立
第 7 章　典型工程案例	武　岳	陈务军　龚景海　韩更赞　崔家春　王海明　胡博天　王　秦　谭　宁
附录	李雄彦	
全书编辑和统稿	薛素铎 李雄彦	

目　录

第1章　绪　论

1.1 充气膜结构的分类

充气膜结构是一种采用高性能膜材作为建筑“外壳”，通过膜内外的气压差使膜面产生张力，以此形成一定稳定形态和承载能力的结构或构件。充气膜结构应具有密闭的充气空间，并应设置维持内压的充气装置，以保证膜结构体系的刚度，维持所设计的形状。根据膜内密闭空间形成方式不同可将充气膜结构分为四类：气承式膜结构、气肋式膜结构、气枕式膜结构和气囊式膜结构。

1. 气承式膜结构

膜面本身不形成封闭曲面，其周边固定于刚性边界或基础，密闭空间由膜面、四周封闭边界与室内地面形成。气承式膜结构通过建筑内部气压支撑膜面，形成建筑物主体，室内无需任何框架和梁柱支撑，但必须保持密闭性以维持室内气压。气承式膜结构常用的外形有球面和柱面（图 1.1.1）。

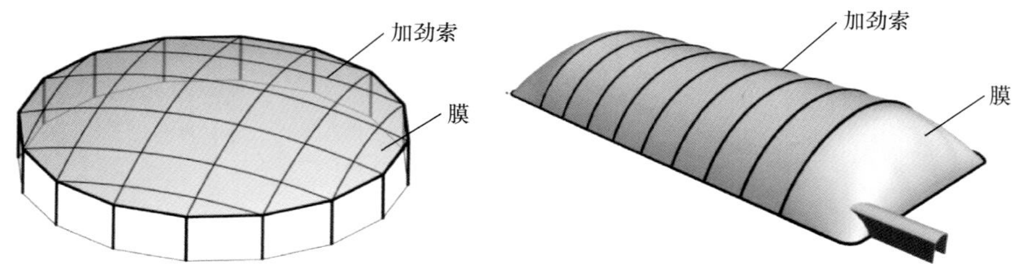

图 1.1.1　气承式膜结构

2. 气肋式膜结构

膜面本身形成封闭曲面及密闭空间，外形通常为管状，加压气体作用于膜面且可形成自平衡体系。气肋式膜结构的室内空间无需密闭，人员进出比较自由（图 1.1.2）。

3. 气枕式膜结构

一般指由多个气枕单元集合而成的结构体系。每个气枕单元的膜面形成封闭曲面及密闭空间，其周边固定于刚性骨架上（图 1.1.3）。

4. 气囊式膜结构

膜面本身形成封闭曲面及密闭空间，外形为囊体状，囊体尺度较大，整个结构可由一个囊体构成，内部加压气体作用于膜面，结构本身可形成自平衡体系，亦可在周边固定或支撑于刚性边界上（图 1.1.4）。

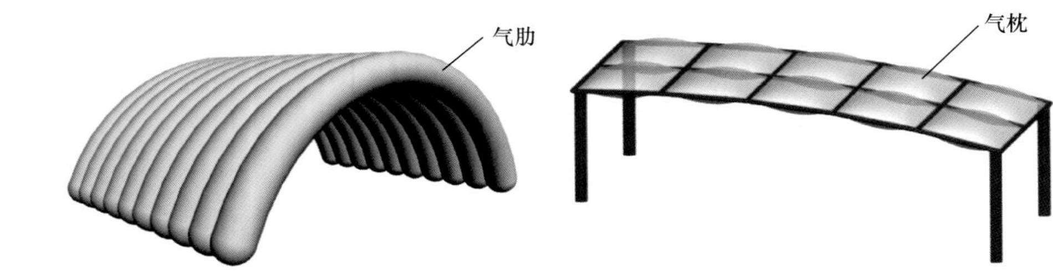

图 1.1.2　气肋式膜结构

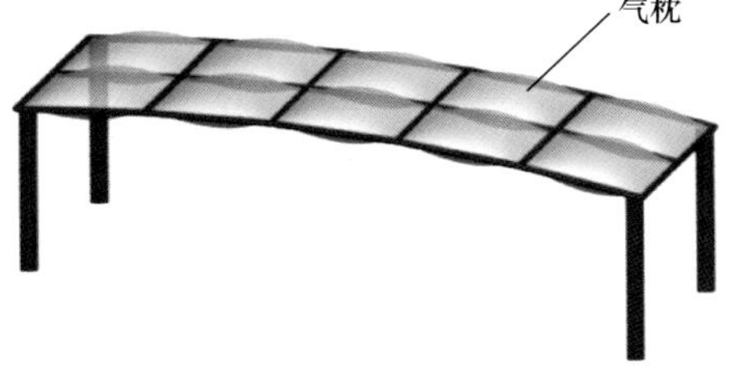

图 1.1.3　气枕式膜结构

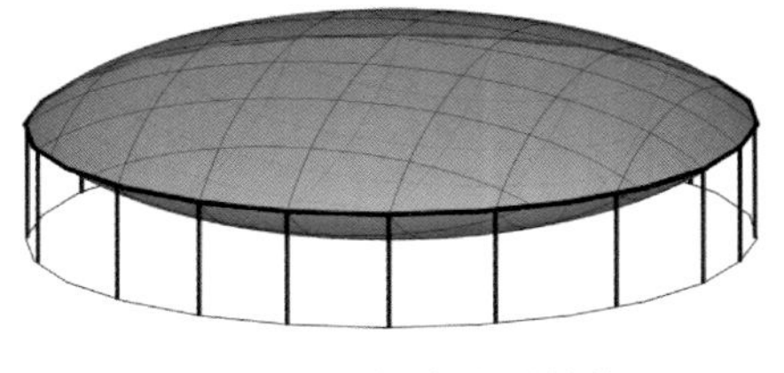
图 1.1.4　气囊式膜结构

上述四种充气膜结构类型是目前工程中常见到的形式。当然，随着科技发展和技术进步，在工程实践中可能还会创造出更多、更加新颖高效的充气膜结构形式。此外，通过上述膜结构类型的组合，也可以形成混合充气式。比如，可以采用气肋和气承组合的形式，或采用气肋和气囊组合等形式。

1.2　充气膜结构的发展

充气膜结构起步于气承式膜结构，其发展可追溯到 20 世纪初。1917 年英国人 William Lanchester 提出用鼓风机吹胀膜布作为野战医院的设想，并申请了专利，但当时由于技术条件的限制，这种设想并没能够实现。

1946 年，美国的 Walter Bird 为保护雷达不受气候侵扰，建造了世界首座充气膜结构——多谱勒雷达穹顶（图 1.2.1）。该结构直径 15m、矢高 18.3m，为气承式球形雷达罩。多谱勒雷达罩采用的是以玻璃纤维为基布、氯丁二烯橡胶为涂层的膜材。后来，由 Walter Bird 创建的 Birdair 公司又设计建造了其他一些气承式充气膜结构，并在美国的杂志上进行介绍，使这种体系逐渐被人们认知。

图 1.2.1　多谱勒雷达穹顶

1967 年，第一届国际充气结构会议在德国的斯图加特召开，极大地推动了充气膜结构的发展。到 20 世纪 60～70 年代，大量充气膜结构相继在美国、德国建造，最大跨度达到 60m。

1970 年，日本大阪博览会成为膜结构发展史上的里程碑。最具代表性的美国馆为 139m×78m 的椭圆形气承式膜结构（图 1.2.2），膜材为聚氯乙烯（PVC）涂层的玻璃纤维织物，屋面系统由 32 根沿对角线交叉布置的钢索和膜布构成。大阪博览会上另一个代表性建筑是由日本川口卫（Mamoru Kawaguchi）设计的富士馆（图 1.2.3），采用气肋式膜结构，结构跨度 50m，该馆由 16 根直径 4m、长 78m 的拱形气肋围成，气肋间每隔 4m 用宽 500mm 的水平系带把它们环箍在一起。中间气肋呈半圆拱形，端部气肋向平面外凸出，最高点向外凸出 7m。日本大阪博览会上充气膜结构的成功应用体现了该类结构优良的跨越能力和经济性，由此掀起了充气膜结构的建造热潮。

图 1.2.2 美国馆

图 1.2.3 日本富士馆

20 世纪 70～80 年代，在北美、日本相继建成了十几座大中型的充气膜结构建筑。1975 年，美国密歇根州庞蒂亚克“银色穹顶”建成（图 1.2.4），椭圆形平面达到 220m×159m。1976 年，美国加利福尼亚州圣克拉勒大学建成平面尺寸为 90.5m×59.4m 的椭圆形活动中心。1983 年，加拿大建成当时世界上跨度最大的充气膜结构室内运动场——加拿大 B.C. 馆（图 1.2.5），其平面尺寸达到 232m×190m，结构高度 60m，采用了双层厚度为 0.85mm 的特氟隆材料，膜材覆盖面积达 4 万 m^2。

图 1.2.4 庞蒂亚克“银色穹顶”

图 1.2.5 加拿大 B.C. 馆

1988 年，日本建成东京穹顶（Tokyo Dome），又名东京后乐园棒球馆（图 1.2.6）。穹顶的平面为边长 180m 的正方形，四角为半径 60m 的内切圆弧，最大对角线长 201m，膜屋面采用了双层膜，周边嵌固在钢筋混凝土圈梁上，室内净面积约 46000m^2，屋顶高度 61m。与之前建成的结构相比，其最大改进是应用了先进的自动控制技术，中央计算机还能自动监测风速、雪压、室内气压以及膜和索的变形和内力等，并自动选择最佳方法来控制内压和消除积雪，确保了膜结构的安全与正常使用。该结构目前仍为日本的一座标志性建筑物，已正常使用 30 年，成为充气膜结构的成功典范。

图 1.2.6 东京穹顶

20 世纪 80 年代前，建成的气承式膜结构场馆大部分为周边嵌固在围护结构上，屋面为小矢高的扁平状屋盖。但这种扁平屋盖不利于屋面排雪，在大雪作用下，存在着安全隐患。1985 年冬，密歇根州的庞蒂亚克“银色穹顶”在暴风雪作用下几乎全部倒塌。这次事故的发生引起人们对这类结构体系的再思考。

图 1.2.7　美国内华达州绿谷体育中心

为解决扁平气膜屋盖在使用过程中出现的问题，20 世纪 80 年代后期，对气承式膜结构进行了技术创新，采用了加大矢高的改进方案。1988 年，美国在内华达州建造了大矢高的气承式膜结构（图 1.2.7），通过调整矢高改善屋面在极端天气条件下的性能，提升了结构的安全性。此后，该类气承式膜结构在美国、加拿大等国逐步得到采用，如 1999 年建成的美国田纳西泰坦橄榄球室内训练馆（图 1.2.8）、2007 年建成的具有 400m 跑道标准田径场的美国阿拉斯加某体育俱乐部（图 1.2.9）。

图 1.2.8　美国田纳西泰坦橄榄球室内训练馆

图 1.2.9　美国阿拉斯加某体育俱乐部

气枕式膜结构的发展是伴随着 ETFE 膜材料出现而诞生的。20 世纪 80 年代，欧洲开始将 ETFE 薄膜用作建筑屋面材料。因其高透光性、耐腐蚀性、轻质高强、良好的耐久性等特有的品质，ETFE 薄膜得到人们的喜爱并被应用于各类建筑中。世界上首个 ETFE 气枕工程于 1983 年在荷兰阿纳姆伯格动物园建成（图 1.2.10）。

2001 年建成的英国“伊甸园”温室项目（图 1.2.11）是世界上第一个大型 ETFE 气枕式膜结构建筑，结构主承重体系由 8 个半径为 18～65m 的六角形钢管穹顶构成，覆盖三层 ETFE 气枕膜结构，气枕形状有六边形、五边形，其中六边形单元的直径为 5～11m，总用膜面积达到 29200m^2。该项目的成功建设，为 ETFE 膜结构在世界范围内的推广应用起到了示范和促进作用。

图 1.2.10 荷兰阿纳姆伯格动物园 ETFE 气枕

图 1.2.11 英国“伊甸园”温室

瑞士苏黎世 Masoala 雨林展馆（图 1.2.12）于 2002 年建成，长 120m，跨度 90m，主体承重结构采用 10 榀平行的桁架拱，屋顶和墙面采用 54 个长条形三层 ETFE 膜结构气枕作为覆盖体系，气枕宽度 4m，长度约 52m，ETFE 气枕总面积达到 $14600m^2$。

德国慕尼黑安联体育场（图 1.2.13）建成于 2005 年，是一座可容纳 67000 人的足球场，也是世界上最著名的 ETFE 膜结构运动场之一。项目平面尺寸 258m×227m，结构高度 50m，下部支承结构采用钢筋混凝土框架体系，屋面采用大跨度悬挑平面桁架体系。采用 2874 块菱形 ETFE 双层气枕作为屋面和墙面的外围护体系，膜材厚度为 $200\mu m$，ETFE 总展开面积达到 $26000m^2$。

图 1.2.12 瑞士苏黎世 Masoala 雨林展馆

图 1.2.13 德国慕尼黑安联体育场

随着建筑技术的日益进步，气囊式膜结构开始被建筑师和工程师重视并加以应用。2002 年瑞士博览会，在苏黎世建造了名为艺术海滩的展馆（图 1.2.14），采用 3 个直径约 100m 的圆形蝶状气囊式膜结构。此外，瑞士于 2002 年建成的 Agile 自行车竞技场（图 1.2.15），屋面为椭圆形气囊膜，平面尺寸为 90.8m×66.8m，整体形似自行车轮毂。

图 1.2.14 苏黎世艺术海滩

图 1.2.15 Agile 自行车竞技场

1.3 充气膜结构在我国的应用与发展

与国外相比，充气膜结构在我国的起步较晚。我国最早出现的充气膜结构建筑是1995年建成的北京顺义某基地招待所游泳馆（图1.3.1），为气承式膜结构。其平面为30m×36m矩形，建筑面积约1075m²，顶点高度12m，外观类似半椭球形，采用单层充气膜结构，膜材料选用国产PVC篷盖材料。同年，还有另外两个小型气承式膜结构游泳馆建成，分别为北京房山游泳馆（跨度33m，建筑面积1100m²）和鞍山农业委员会游泳馆（跨度30m，建筑面积1000m²）。

图1.3.1 国内第一座充气膜结构建筑——北京顺义某基地招待所游泳馆

在随后的十年中，充气膜结构并未得到真正发展，直到2006年左右，充气膜结构才又有了新的生机，当时国内相继成立了几个专门从事充气膜结构制作与施工的公司，把国外比较成熟的充气膜结构建筑技术引进到中国。

2006年，我国第一座真正意义的充气膜体育场馆——北京朝阳公园网球馆（图1.3.2）落户于北京，其平面尺寸为107m×37m，高12.5m，为气承式膜结构，采用双层膜材，外膜采用了PVF材料。同年，还建成了北京室内高尔夫练习馆（图1.3.3）等气膜场馆。

图1.3.2 北京朝阳公园网球馆

图1.3.3 北京室内高尔夫练习馆

我国气承式膜结构的发展，大体可分为三个阶段，即萌芽阶段、成长阶段和快速发展阶段（图1.3.4）。1995年至2005年为萌芽期，此阶段只有零星的一些小型场馆被建造，没有形成真正规模，总建造数量不超过5个。从2006年开始，气承式膜结构进入成长阶段，一些专门从事充气膜结构的公司陆续成立，通过引进国外成熟的技术，成功建造了一些中小型气膜场馆，大大推动了中国充气膜结构的发展。从2006年至2013年，有数十个气承式膜结构先后建成。2014年后，随着全民健身体育运动的需求以及国家环保对建筑环保的要求，进一步推动了充气膜结构的应用与发展，使该类体系进入了快速发展阶段。根据对国内几个主要充气膜结构公司的数据统计，2014年到2018年，气承式膜结构建筑分别建成了39座、45座、88座、124座、136座，现在全国约有500余座各类气膜建筑。

图 1.3.5 所示为历年气承式膜结构建设数量的统计情况。

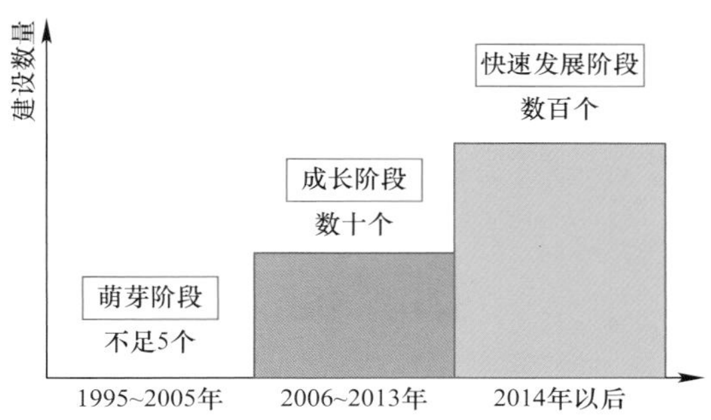

图 1.3.4 气承式膜结构在中国的发展历程

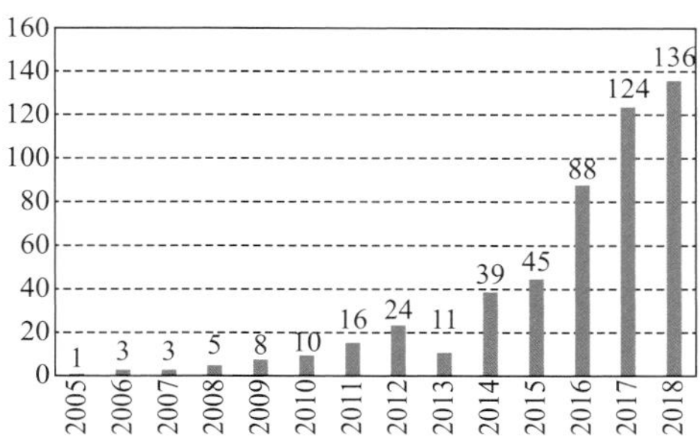

图 1.3.5 气承式膜结构建设数量统计

2008 年北京奥运会和 2010 年上海世博会为中国膜结构的发展提供了重要的发展契机，成为中国膜结构发展的里程碑。值得一提的是，采用 ETFE 膜材的气枕式膜结构被成功应用并引起了极大关注，带动了国内气枕式膜结构的快速发展。

2008 年北京奥运会建设的国家游泳中心“水立方”是我国第一个大型 ETFE 气枕膜结构（图 1.3.6）。项目平面尺寸为 177m×177m，高 31m，是 2008 年北京奥运会的主场馆之一。该项目屋面、墙面均采用多面体空间钢结构，表面覆盖透明的 ETFE 气枕，其中绝大部分气枕为六边形，单层气枕覆盖面积达 10 万 m^2，所用 ETFE 展开面积总计达 26 万 m^2，其中单个气枕最大面积为 $90m^2$。建筑的立面外层薄膜为蓝色透明 ETFE，其余均为无色透明 ETFE，采用 ETFE 气枕模拟水泡，再配以 LED 灯模拟海底世界，在夜晚的灯光下显得格外绚丽多彩，取得了很好的建筑效果。“水立方”是目前世界上单体最大的 ETFE 膜结构建筑，建成后在我国起到了重要的示范作用，带动了 ETFE 膜结构在我国的快速推广应用。

图 1.3.6 国家游泳中心“水立方”—ETFE 气枕式膜结构

2010 年上海世博会，为 ETFE 气枕膜结构提供了新的舞台。世博会上建设的日本馆（图 1.3.7），高 24m，建筑面积 $6000m^2$，展馆外部采用含太阳能发电装置的 TiO_2 的 ETFE 气枕膜结构，形成一个半圆形的大穹顶，透光性高的双层外膜配以内部的太阳电池，使得光、水、空气等自然资源被最大限度地利用。

继上述项目之后，一些地标性的 ETFE 气枕式膜结构项目相继建成，如 2013 年建成的大连市体育中心（图 1.3.8）、2016 年建成的天津华侨城生态岛水陆馆（图 1.3.9）、2016 年建成的上海迪士尼乐园（图 1.3.10）和 2016 年建成的东莞万科热带雨林馆（图 1.3.11）等，迄今我国已建成的大型 ETFE 气枕膜结构数量已超过 80 余座。

图 1.3.7　世博会日本馆

图 1.3.8　大连市体育中心

图 1.3.9　天津华侨城生态岛水陆馆

图 1.3.10　上海迪士尼乐园

图 1.3.11　东莞万科热带雨林馆

与气承式和气枕式膜结构相比，气肋式和气囊式膜结构的用量相对较少。图 1.3.12 为国内某航空航天试验基地项目，采用气肋和气承相组合的充气膜结构，气肋为直径 1.5～3m 的弧形圆柱曲面，气肋的跨度约 60m，气肋为膜面提供骨架支撑，整个结构体系由气肋与气承膜结构共同承受外荷载。

图 1.3.12　国内某航空航天试验基地

气肋式膜结构由于以气肋作为承重构件，在跨度较大时，气肋内需高压充气，其工作内压高达 10kPa，这对气肋的密闭性提出了更高的要求。

图 1.3.13 为盐城市滨海污水处理厂污水池加盖工程，由于池体不可破坏，因此选用了可自平衡的气囊式膜结构。该污水处理厂污水池包括收集池和厌氧池，收集池平面尺寸 30m×20m，厌氧池单个平面尺寸 10m×20m。采用气囊式膜结构方案，较好实现了对污水池的覆盖，达到收集异味、排放雨水的作用。

图 1.3.13　滨海污水处理厂污水池加盖工程——气囊膜结构

1.4　充气膜结构的应用领域

由于充气膜结构具有丰富多彩的造型，优异的建筑特性、结构特性和适宜的经济性等其他传统建筑无法比拟的优势，因此备受人们青睐，被应用于工业、民用、军事等许多领域中，具有广阔的应用前景。

充气膜结构的主要应用领域包括：

(1) 体育运动场所：各类体育场馆、游泳馆、网球馆、羽毛球馆、体育中心、健身中心等；

(2) 文化娱乐场所：剧场、剧院、文化中心、娱乐中心、游乐园、遗址保护等；

(3) 会展场所：会展中心、博览中心、展览馆、博物馆等；

(4) 工业场所：工业厂房、生产车间、仓储库房等；

(5) 商业场所：大型商场、商店、购物中心、贸易中心等；

(6) 农业、生态场所：农业生态园、植物园、农业大棚、大型温室等；

(7) 环境保护场所：料场封闭、储煤棚、污染土覆盖、废气废水覆盖等；

(8) 应急救灾场所：临时避难所、指挥中心、临时救灾医院等；

(9) 军事领域场所：野战医院、应急指挥所、飞艇、移动飞机库、雷达防护罩等。

图 1.4.1 给出了我国气承式膜结构应用领域的分类统计情况。可以看出，体育建筑用量最大，接近 60%。近年来，随着国家环保要求的提高，气承式膜结构开始应用于环保领域，一些储煤棚、粮仓、废气废水覆盖、污染土壤覆盖等采用了气承式膜结构。图 1.4.2 为气承式膜结构在环保中的应用示例。

除上述应用外，气承式膜结构还可有一些其他应用，如作为混凝土壳体或冰结构的胎膜，起到支撑模板的作用，由此形成气膜混凝土结构或气膜冰结构。图 1.4.3 为按照上述原理建造的中煤集团电力公司球形煤仓，直径 71.3m，高 39.15m，2017 年建成，是目前中国最大的充气膜混凝土建筑。图 1.4.4 为在我国邯郸建造的气膜钢筋混凝土扁壳，其尺寸为 59.78m×46.46m×9.948m，是目前国内最大的气膜混凝土扁壳。

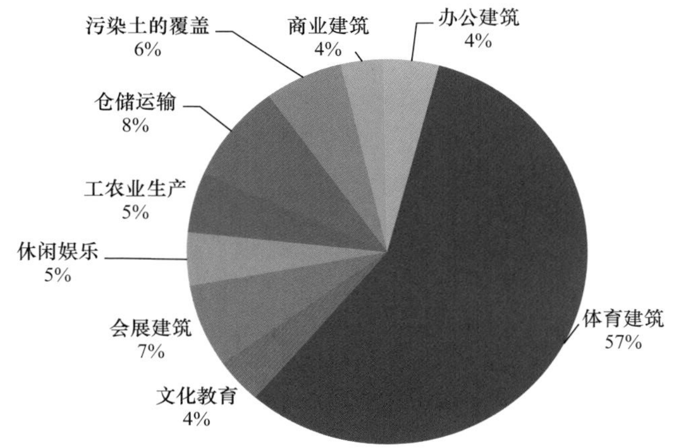

图 1.4.1　气承式膜结构应用领域分类统计

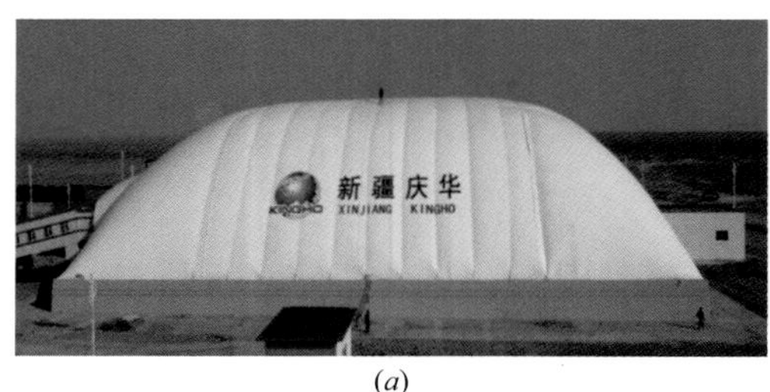

(*a*)

(*b*)

图 1.4.2　气承式膜结构在环保中的应用示例

(*a*) 储煤棚；(*b*) 污染土覆盖

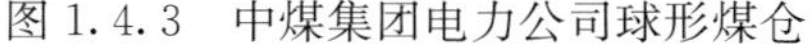

图 1.4.3　中煤集团电力公司球形煤仓

图 1.4.4　气膜钢筋混凝土扁壳

图 1.4.5 为采用充气膜模板结合喷射施工技术在哈尔滨建造的冰塔，该冰塔高 30.54m，是目前世界上最高的冰壳结构。图 1.4.6 为应用该技术于 2018 年冬在哈尔滨建造的国内首个冰旅馆，采用多跨柱壳组合形式，单个柱壳长约 18m，跨度约 6m。

图 1.4.7 为我国 ETFE 气枕膜结构在各类建筑中的分类统计情况。可以看出，这类结构在会展建筑中占的比例最大，同时，在体育建筑、工业建筑、商业建筑、休闲娱乐等领域都有很好的应用。

图 1.4.5　冰塔结构

图 1.4.6　由冰壳建成的冰旅馆

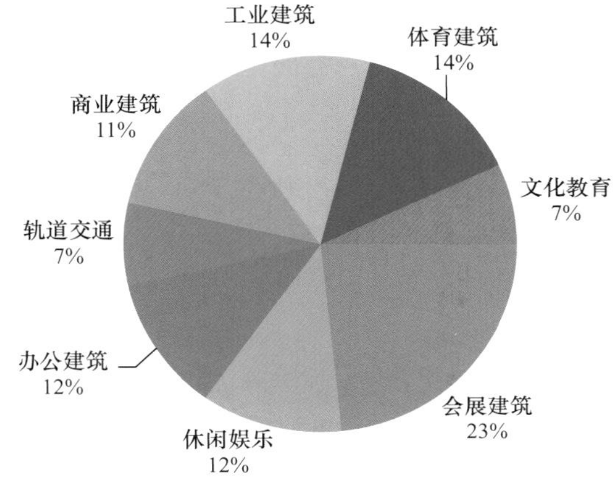

图 1.4.7　ETFE 气枕膜结构应用领域分类统计

图 1.4.8 为气肋式膜结构用于某移动飞机库。图 1.4.9 为气囊式膜结构用于某飞艇。

图 1.4.8　移动飞机库

图 1.4.9　飞艇

1.5　充气膜结构的特点

目前常用的充气膜结构为气承式和气枕式，本节分别论述这两类结构的特点。

1. 气承式膜结构的特点

气承式膜结构使用了免费的建筑材料——空气作为支撑系统，与其他结构形式相比，具有其独特的优势和特点，主要有：

（1）良好的经济性

气承式膜结构造价低廉，对跨度大、地质条件差的情况更具价格优势。由于无需传统的刚性支撑，节省了支撑系统的费用。结构的基础也只是承受膜体的上浮力，对地基承载力无任何要求，可节省对地基基础处理的费用。

一般，传统建筑随着跨度的增加，单位面积建造成本会呈几何倍数的增加，而气承式膜结构建筑恰好相反，随着跨度的增加，单位面积建造费用呈下降趋势，其造价通常只有常规结构的 50%左右。

（2）满足大跨度、大空间需求

气承式膜结构具有优良的跨越能力。由于无需内部支撑，可创造出无遮挡的大跨度空间，可有效利用建筑的使用面积。

（3）建设周期短，可整体拆装移动

气承式膜结构的加工制作均可在工厂内完成，在现场只需要进行安装作业。一般，从设计、设备采购到加工制作只需 2～3 个月即可完成，运抵现场后，可快速将主体结构安装完毕。

气承式膜结构很容易进行拆卸和安装，便于整体移动，可以为举办大型活动和临时用展览馆提供快捷、方便的大跨度建筑空间。

（4）节能环保，防止雾霾

节能效果主要是基于该类建筑的气密性、保温性和透光性。首先，由于气密性好，气体流失量少，可减少建筑的热量损失。其次，膜屋面本身在外层膜和内层膜之间设有保温层，具有较好的保温隔热效果。另外，膜材料透光性好，在正常日光条件下，室内无需人工照明。上述节能效果可大大降低结构在采光、取暖、空调等方面的能耗成本。

膜材料本身可以回收利用，在建造和拆除过程中，几乎没有建筑垃圾和环境污染，具有很好的环保效果。

通过安装新风系统，可对进入室内的气体进行严格的过滤和净化，达到很好的防霾效果。另外，可方便实现室内温度和湿度的调节，可根据需要，实现室内增氧功能。

（5）安全性高

气承式膜结构依靠内外气压差来支撑整个建筑，内部没有受弯、受扭和受压的构件，在抗风、抗震等方面具有其他结构体系无可比拟的优势，具有很好的安全性。特别是面对地震给建筑带来灾难性的危害，气承式膜结构建筑具有绝对优势。即使在灾区电网停止供电的情况下，备用发电机也可保障正常运转。气承式膜结构可作为城市救灾的避难场所、指挥部和临时救护医院。

（6）适用性强

气承式膜结构具有很好的对不同建筑需求的适用性，不仅可以用于临时性建筑，还可用于体育场馆、工业厂房、仓库等大跨度的永久结构。对建筑场地没有特殊要求，场地可大可小，场地土可软可硬，也无地区性的限制。由于气承式膜结构自重很轻（每平方米自重约 3kg），这类建筑除在地面建设外，也可根据需要建在楼顶，将闲置的楼顶平台建设为全天候使用的气膜场馆或展览馆，有效节省土地。

2. 气枕式膜结构的特点

气枕式膜结构一般采用 ETFE 膜材料，与常规建筑材料相比，ETFE 膜材具有很多特有的性能。这种膜材透光性特别好，号称“软玻璃”，透光率可达 95%；质量轻，只有同等大小玻璃的 1%；韧性好、抗拉强度高、不易被撕裂，延展性大于 400%；耐候性和耐化学腐蚀性强，熔融温度高达 200℃；自洁性好，表面不易沾污，且雨水冲刷即可带走沾污的少量污物；具有良好的声学性能。上述膜材性能带来了 ETFE 气枕膜结构如下的优越性：

（1）建筑造型优美，建筑物理功能优越

ETFE 气枕可满足各种优美的建筑造型，借助 ETFE 膜材特有的性能，建筑设计上结合光、声、电的巧妙运用，通常可使建筑达到光彩夺目的效果，无论是白天还是夜晚，都会显得异常绚丽多彩。

ETFE 气枕膜结构建筑具有独特的光学性能，白天入射光线为自然温射光，防止眩目，无阴影，光线均匀分布。夜间高反射性能使得空间具有卓越的照明效果，减少电能消耗，而且可衬托出夜空中建筑物的辉煌。同时其透光性还可以通过膜上图案、颜色来进行调整。

ETFE 气枕由空气填充，具有良好的隔热性能。而且可以通过增设中间膜层来增加气腔的数目，进而有效增加其保温隔热能力。

（2）结构体系轻盈，施工安装便利

ETFE 膜材料自重很轻，每平方米只有 0.15～0.35kg，这种轻质特性可以使主体钢结构的重量得到有效减轻。可以加工成任何尺寸和形状，满足大跨度的需求，节省中间支承结构。

ETFE 气枕可在工厂加工制作，现场安装，施工安装便利，节点处理方便，安装周期短。

（3）节能环保，便于维护保养

ETFE 膜为可再循环利用材料，可再次利用生产新的膜材料，或者分离杂质后生产其他 ETFE 产品。

不仅如此，这种膜材具有极佳的自清洁性能，使灰尘不易附在其表面，不需日常保养，清洁周期大约为 5 年。

（4）防火性能优良

ETFE 膜材本身是一种阻燃材料，即使热熔后会收缩，但燃烧时也不会滴落，并且很薄很轻，万一发生火灾，其危害性很小。ETFE 膜材可以达到 B1、DIN4102 防火等级标准。

（5）使用寿命长

ETFE 膜材具有很好的耐久性和极佳的抗老化能力，人工实验及实际工程表明，经过 30 多年长期使用，ETFE 材料的性能没有明显下降。

第2章　材　　料

用于充气膜结构的材料包括膜材、拉索、保温材料以及其他连接辅件。本章介绍这些材料的种类、特点、设计参数以及选用方法。

2.1　膜材

膜材是充气膜结构的主要材料，起到密封以及承载的作用，决定了充气膜结构的使用以及安全性能。膜材料的种类繁多，同时随着材料工业的发展，强度高、耐久性好的新型膜材得到研发和应用。为使工程设计合理选材，需要对膜材料进行分类，并对其力学性能以及其他物理性能进行测试和评价。

2.1.1　膜材的种类

目前常用的建筑用膜材可分为织物类膜材和热塑聚合物类膜材两大类。织物类膜材按不同的织物基材分为G类膜材和P类膜材，热塑聚合物类膜材中常用的为乙烯—四氟乙烯共聚物（ETFE）薄膜，简称E类膜材。膜材应根据建筑功能、空气支撑膜结构所处环境和使用年限、承受的荷载以及建筑物防火要求进行选用。

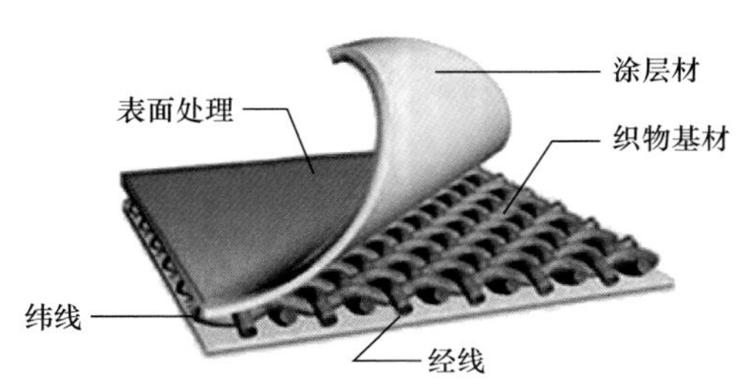

图2.1.1　织物类膜材示意图

1. 织物类膜材

织物类膜材由基布和涂层组成（图2.1.1）。将纤维纺成纱线，纱线经编织即形成基布。建筑膜材常用的纤维材料有两种：玻璃纤维和聚酯纤维。玻璃纤维强度高、变形小、抗老化能力强，但较脆易折断；聚酯纤维变形能力好、强度较高，但长期使用后容易老化，影响材料力学性能。根据编织工艺，基布沿纬线方向称为纬向、沿经线方向称为经向，沿经纬向的力学性能一般不同。

为了保护基布，同时起防水、密封等作用，织物类膜材通常在基布上涂以涂层。涂层材料非常多，最常用的为聚氯乙烯（PVC）和聚四氟乙烯（PTFE）。

PVC涂层柔软、弹性好、可染色，但抗紫外线能力差，在日光长期照射下涂层易发生龟裂，自洁性下降。PVC涂层一般用于聚酯纤维基布，由此形成的膜材称为P类膜材。为了提高P类膜材的耐久性和自洁性，通常在PVC涂层外加涂化学稳定性更好的面层，例如聚偏氟乙烯（PVF）、聚二氟乙烯（PVDF）、二氧化钛（TiO_2）等。涂有上述面层的P类膜材的使用年限一般可达15～35年。

PTFE 涂层具有很好的化学稳定性，室外长期使用不易老化，能保持良好的自洁性。PTFE 涂层一般用于玻璃纤维基布，由此组成的膜材称为 G 类膜材。G 类膜材耐久性及自洁性明显好于 P 类膜材，使用年限可达 35 年以上。但 G 类膜材柔软性较差，不易变形，折痕会明显影响膜材强度，对加工及施工精度要求较高。

气承式膜结构常常使用低克重 PVC 内膜进行隔热保温和内部装饰。与起承载作用的外膜相比，内膜受力小，环境条件好，内膜可采用厚度较小强度较低的材料。

我国纺织行业标准《膜结构用涂层织物》GB/T 30161 对织物类膜材的理化性能进行了规定。

2. 热塑聚合物类膜材

E 类膜材是目前建筑上常用的热塑聚合物类膜材，它可通过高温熔化 ETFE 颗粒后经挤压成型得到。ETFE 的化学名称为乙烯—四氟乙烯共聚物（ethylene tetra fluoro ethylene)，它是一种高分子材料，具有良好的耐化学性能以及自洁性能。纯净的 ETFE 无色，加工得到透明的 E 类膜材，透光率高达 90%，用于建筑屋面或墙面材料时其厚度通常为 50～300μm。根据建筑效果要求，可以在 ETFE 中混入添加剂进行染色，得到各种颜色的 E 类膜材，如图 2.1.2 所示。另外，E 类膜材表面还可以进行印刷，调整透光率。利用添加剂及表面涂层的方法，E 类膜材可有效地防止有害紫外线的侵入。

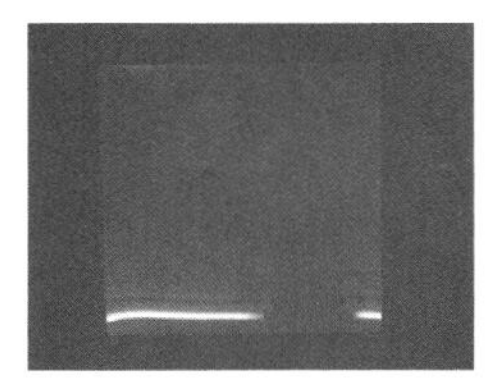
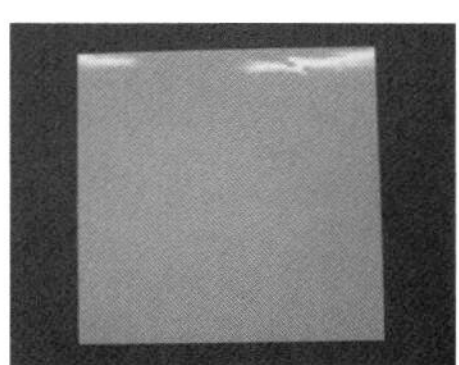

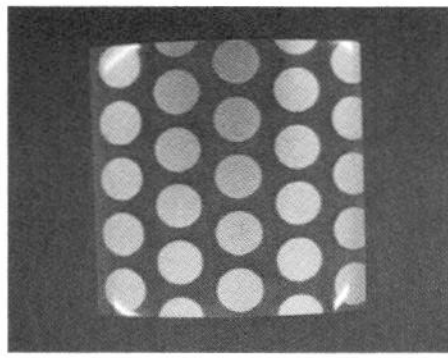

图 2.1.2 透明、染色、喷涂的 ETFE 膜材

3. 其他膜材

将柔性太阳能电池与膜材进行复合形成可发电的膜材，超柔软可反复折叠的膨体聚四氟乙烯纤维膜料，具有透光透气性能的各类网格膜材，新型膜材的研发为膜结构提供了广泛的发展空间。在实际工程中使用新型膜材时，应对膜材的强度以及耐久性等性能进行充分的验证。

2.1.2 膜材的力学性能

膜材的主要力学性能包括极限抗拉强度、屈服强度、撕裂强度以及弹性模量等指标。为便于工程设计，本书附录中给出了国内外膜材厂商提供的膜材性能参数表。

1. 强度

织物类膜材是一种复合材料，其力学性能与纤维材料、基布编织方法、经纬向、涂层材料等有关。E 类膜材材质均匀，为各向同性材料，其力学性能与织物类膜材相差很大。

(1) 织物类膜材强度设计指标

织物类膜材的强度通常以单轴拉伸时膜材发生破断时的应力来表示。膜材拉伸试验时常用宽度为 3cm 或 5cm 长条形试样，得到的极限抗拉强度习惯上以 N/3cm 或 N/5cm 表示。织物类膜材的经纬向强度需分别测试，一般经向强度大于纬向。

织物类膜材的极限抗拉强度与基布材料及其厚度有关，厚度相同的G类膜材比P类膜材要高。根据极限抗拉强度数值，可以将G类和P类膜材分为6个等级，如表2.1.1、表2.1.2所示。对于G3和G4以及P2和P3级别的膜材，由于其厚度薄强度低，一般用于内膜。对于玻璃纤维丝径为6μm的G类膜材，其柔软性较差，在充气成形等过程中容易出现玻璃纤维断丝情况，应尽量避免采用此类膜材。

常用G类膜材等级 **表2.1.1**

代号	经/纬向极限抗拉强度标准值（N/5cm）	丝径（μm）	厚度（mm）	重量（g/m²）
G3	3200/2500	3、4或6	0.25～0.45	≥400
G4	4200/4000	3、4或6	0.40～0.60	≥800
G5	6000/5000	3、4或6	0.50～0.95	≥1000
G6	6800/6000	3、4	0.65～1.0	≥1100
G7	8000/7000	3、4	0.75～1.15	≥1200
G8	9000/8000	3、4	0.85～1.25	≥1300

常用P类膜材等级 **表2.1.2**

代号	经/纬向极限抗拉强度标准值（N/5cm）	厚度（mm）	重量（g/m²）
P2	2200/2000	0.45～0.65	≥500
P3	3200/3000	0.55～0.85	≥750
P4	4200/4000	0.65～0.95	≥900
P5	5300/5000	0.75～1.05	≥1000
P6	6400/6000	1.0～1.15	≥1100
P7	7500/7000	1.05～1.25	≥1300

对于膜材生产商的具体品牌膜材，其极限抗拉强度应按《膜结构用涂层织物》GB/T 30161规定的试验方法通过试验确定。

（2）E类膜材强度设计指标

E类膜材为高分子均质材料，其强度指标也通过单轴拉伸试验确定（图2.1.3）。根据其单轴拉伸试验曲线的特点，E类膜材的强度指标包含了第一屈服强度、第二屈服强度以及极限抗拉强度。

图2.1.4为E类膜材在常温下的单轴拉伸应力应变曲线。从图中可以看出，应力应变曲线经历了两个比较明显的刚性转折点（A点和B点）。第一转折点A点之前应力应变呈近似直线关系，经过A点后，应力应变曲线仍保持近似直线，但直线的斜率迅速减小。当应力超过第二转折点B点时，材料迅速被拉长，随着应变的大幅度增加，逐渐出现应力强化并最终断裂。对E类膜材进行循环拉伸试验发现，当应力小于A点时循环拉伸并不会使膜材产生残余应变，而当应力大于A点时循环拉伸将产生残余应变。因此，E类膜材在应力不超过第一转折点时可以认为是线弹性材料，第一转折点和第二转折点之间材料发生了屈服，两个转折点分别定义为E类膜材的第一屈服点（A点）和第二屈服点（B点）。

图 2.1.3　E 类膜材单轴拉伸试验图

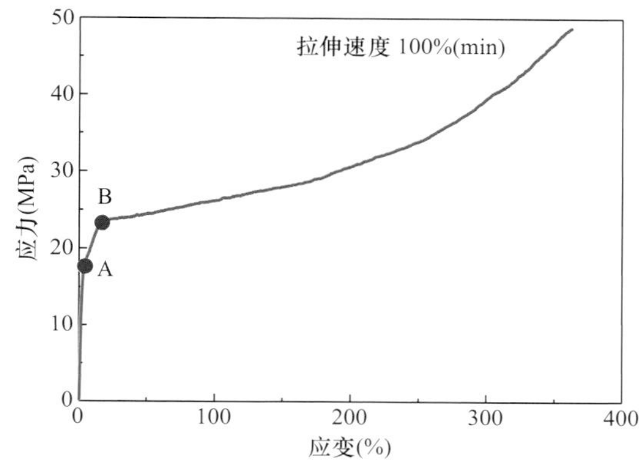

图 2.1.4　E 类膜材单轴拉伸曲线

E 类膜材断裂时可发生 400%左右的变形，但第一屈服点和第二屈服点对应的应变只有 2%～3%和 15%～20%，可见 E 类膜材的弹性变形能力并不大。

对不同厚度的膜材以及沿膜材长度和宽度方向裁切的试样进行大量的单轴拉伸试验，可以发现 E 类膜材的强度指标变化不大，设计中可以认为 E 类膜材为各向同性材料，并按表 2.1.3 选取 E 类膜材的强度值。

E 类膜材第一、第二屈服强度及极限抗拉强度标准值（N/mm^2）　　**表 2.1.3**

第一屈服强度标准值	第二屈服强度标准值	极限抗拉强度标准值
16.3	22.5	36.8

高温环境下 E 类膜材强度将出现较为明显的下降。试验表明，当温度从 20℃升高到 40℃时，E 类膜材的屈服强度与极限抗拉强度将下降约 20%。由于膜结构强度主要受风荷载控制，暴风时气温一般不会达到 40℃，因此仍可按室温时的强度值进行设计。当 ETFE 膜结构经历持续 40℃以上高温时，需进行膜材强度试验并在设计中对强度值进行折减。有关试验方法，可参见协会标准《膜结构技术规程》CECS 158。

（3）抗撕裂强度

膜材料使用过程中一直处于张紧状态。膜面在应力集中、外来飞来物撞击等情况下可能出现局部细微破损，处于张紧状态的膜面容易使这些破损扩展。抗撕裂强度是评价膜面发生破损扩展的重要指标。抗撕裂强度测试的方法很多，梯形撕裂法是其中常用的一种（图 2.1.5）。梯形试验法采用拉伸带切口的长条形试样，测量试件撕裂过程中最大的拉伸力，该拉伸力即为膜材的抗撕裂强度。

图 2.1.5　梯形撕裂试验

膜材撕裂破坏是导致膜结构破坏的主要因素之一。膜结构撕裂破坏与膜面应力集中、膜面缺陷、膜材微观结构、荷载等多种因素有关，撕裂发生的机理以及分析方法尚未明确。现阶段设计只规定了织物类膜材的抗撕裂强度不宜小于极限抗拉强度乘以 1cm 的 7%，还无法实现膜材的抗撕裂强度验算。

2. 弹性模量

织物类膜材在拉伸过程中，膜材的变形经历了涂层变形、纤维拉直、纤维拉伸、纤维断裂等复杂过程。膜材拉伸应力应变曲线不是一条单纯的直线，曲线形状与涂层、纤维以及编织工艺等有关。同一种膜材的不同批次，由于织物编织及涂层加工过程的微小差异，其应力应变曲线也不尽相同。膜材的应力应变曲线还与加载经历有关，循环加载可消除基布纤维存在的间隙，初次加载与卸载后重新加载的应力应变曲线是不一样的。另外，膜材在双向应力状态下，应力应变曲线还与经纬向应力比有关。

由此可见，膜材的拉伸曲线与膜材种类、应力状态、应力大小、加载历程等因素有关，呈现出复杂的非线性特性。在膜结构设计时，为了方便通常将膜材料视为线弹性材料进行应力分析。将膜材视为线弹性材料时，其弹性模量需由拉伸试验曲线拟合得出。由单轴拉伸试验曲线拟合得到的单轴弹性模量与由双轴拉伸曲线拟合得到的双轴弹性模量通常并不相同，有时甚至相差较大。由于双轴拉伸试验更符合膜材的实际双向受力状态，现行国内外规范建议分析中采用双轴弹性模量。

图 2.1.6　膜材的双轴拉伸试验

确定双轴弹性模量的双轴拉伸试验方法常用的有交替拉伸法和比例拉伸法。

交替拉伸法指交替循环拉伸膜材经纬向的方法，在经向循环拉伸时保持纬向应力不变，在纬向循环拉伸时则保持经向应力不变，根据试验得到的应力应变增量分别计算经纬向的弹性模量。交替拉伸法多为欧洲国家采用。图 2.1.6 为双轴拉伸试验机及膜材试件。

比例拉伸法在拉伸过程中保持经纬向的应力比不变，这通过试验机的自动控制实现，图 2.1.7 为某 P 类膜材的双轴拉伸应力应变曲线。考虑到膜结构在不同荷载作用下膜面各处的经纬向应力比并不相同，比例拉伸法确定双轴弹性模量时通常进行多组应力比的拉伸试验，通过最小二乘法对这些应力应变曲线进行线性拟合，得到膜材的经纬向弹性模量和泊松比。日本、美国等采用比例拉伸法确定膜材的双轴弹性模量，我国的《膜结构技术规程》CECS 158 也采用该种试验方法，具体试验方法可参见规程。

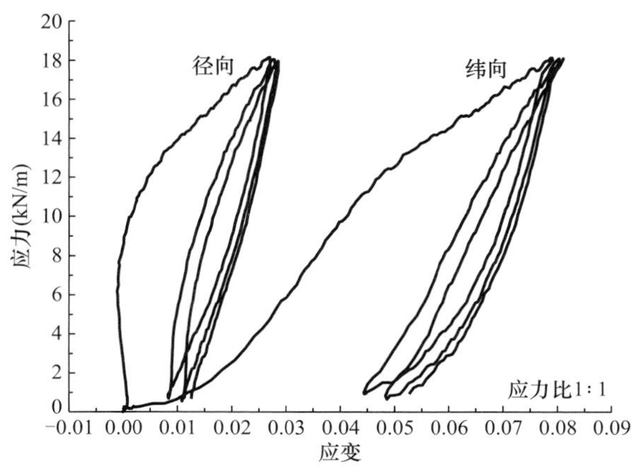

图 2.1.7　某 P 类膜材双轴拉伸试验曲线（应力比 1∶1）

对于E类膜材，当应力小于第一屈服点时可认为是各向同性的线弹性材料。如图2.1.4所示，取原点与A点、A点和B点的连线的斜率作为E类膜材的第一、第二弹性模量，其数值分别为650MPa、50MPa。第二弹性模量不到第一弹性模量的1/10，处于该应力阶段的E类膜材已进入塑性阶段。ETFE膜结构设计时膜面应力一般不超过第一屈服强度，应力分析时可将E类膜材作为各向同性的线弹性材料，并按表2.1.4选取弹性模量和泊松比。

E类膜材密度、弹性模量和泊松比 **表2.1.4**

密度（g/cm^3）	弹性模量（N/mm^2）	泊松比
1.75	650	0.42

2.1.3 膜材的其他物理性能

膜材的其他物理性能包括透光性能、保温性能、声学性能、燃烧性能等。

P类膜材的透光率一般在10%以下，G类膜材漂白后的透光率一般为10%～15%。通过调整织物及涂层工艺，可以有效提高织物类膜材的透光率，P类膜材和G类膜材的透光率可以达到40%和20%以上。E类膜材为透明材料，透光率可达90%以上，通过混入添加剂进行染色以及表面印刷图案等方法调整透光率。

膜材的保温性能可以用传热系数进行评价。膜材的传热系数指膜材（膜结构）内外两侧气温差为1℃时1h之内通过1m^2面积传递的热量。单层E类膜材的传热系数约为7W/(m^2·K)，单层织物类膜材的传热系数约为5～6W/(m^2·K)。

除了一些特殊的吸声膜材，一般膜材表面光洁，对声音的吸收能力小，声波回声强。对于有声学要求的膜结构建筑，需要通过设置吸声内膜、隔声层、隔声屏等措施进行声学性能控制。

膜材具有较好的阻燃性能，其燃烧性能与基布材料、涂层材料等有关。

玻璃纤维为不燃材料，PTFE高温燃烧产生有毒烟气。由于PTFE含量较少，G类膜材在日本等国被评定为不燃材料。虽然G类膜材玻璃纤维基布可以耐受1000℃高温，其焊接连接部位在250℃左右将会失效。

聚酯纤维为难燃材料，PVC高温燃烧产生有毒烟气。P类在日本等国被评为准不燃材料，当热源离开时火焰会迅速自行熄灭。P类膜材在70℃左右产生较大的蠕变，100℃左右膜单元之间的焊缝产生滑移失效，250℃左右材料出现熔化。局部的火焰可以烧穿膜单元形成孔洞，孔洞使得膜材离开火焰源时膜材火焰将自行熄灭，PVC涂层添加物可防止产生燃烧滴落物。

E类膜材是一种阻燃材料，符合德国标准DIN 4102延缓火焰B1级。E类膜材不会自燃，在250～270℃时材料出现溶化。着火时材料熔化收缩，无滴落物，火焰不会出现蔓延。

膜材的防火性能应按现行国家标准《建筑材料及制品燃烧性能分级》GB 8624的规定进行测试并确定等级，通常情况下，可以达到B1级。

2.2　拉索

2.2.1　拉索的种类及其构成

拉索由索体与锚具组成，气承式膜结构中索体常采用钢丝绳（图 2.2.1*a*）、钢绞线（图 2.2.1*b*）和非金属索体（图 2.2.1*c*）等。非金属索体，柔韧性强，弯曲性能好，但不能承受高温辐射，在膜结构工程中多采用金属索体。

(*a*)

(*b*)

(*c*)

图 2.2.1　索体类型

（*a*）钢丝绳；（*b*）钢绞线；（*c*）非金属索体

1. 索体

（1）钢丝绳

钢丝绳是膜结构中应用较为普遍的钢索形式，由多股绳股围绕绳芯捻制而成。它与钢绞线的结构相似，但钢绞线的绳股、绳芯皆为高强钢丝，而钢丝绳的绳股多为钢绞线，绳芯可以是纤维芯或金属芯，其结构组成如图 2.2.2 所示。钢丝绳规格一般采用两参数 $N_1 \times N_2$ 表示，其中 N_1 代表索股数，N_2 代表每股索的钢丝数。

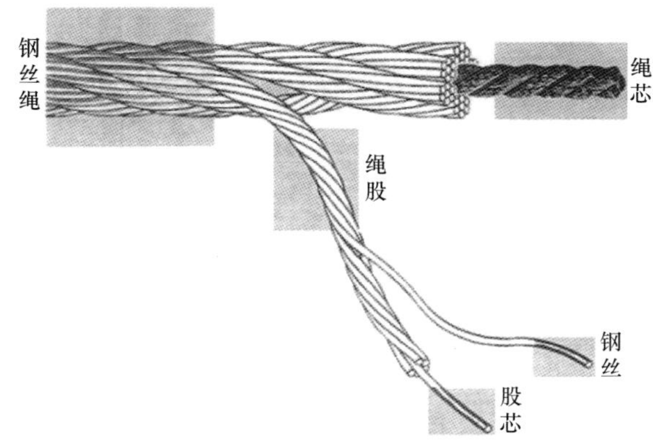

图 2.2.2　钢丝绳结构示意图

绳芯主要有三类，包括独立钢丝绳芯（IWRC）、钢丝索（WSC）和纤维芯（FC）。IWRC 较柔，强度、弹性模量较高，更适合膜内拉索。WSC 强度、弹性模量高、截面与长度变形均较小，但柔性较低，一般适用于膜外结构拉索。纤维芯的钢丝绳绳体柔软，弯曲性能良好。在钢丝绳受到碰撞或冲击荷载时，纤维芯可以起到缓冲作用，有效降低了动荷载作用下钢丝绳截面的变形，保持了绳径的稳定。

钢丝绳的捻制：工程中钢丝绳绳股数一般为 3～9，常用绳股数为 6～8。为减小钢丝绳在荷载作用下的扭转与拉伸变形，提高抗拉强度与截面系数，捻制时可采用增加索股或将绳股近似平行排列等方法；为增强钢丝绳的耐磨损、腐蚀能力，可采用增加塑料垫层与防护套或改变钢丝与索股形状等方法。膜结构中常用的钢丝绳主要是单股钢丝绳、多股钢丝绳，其截面形式如图 2.2.3 所示（《索结构技术规程》JGJ 257）。

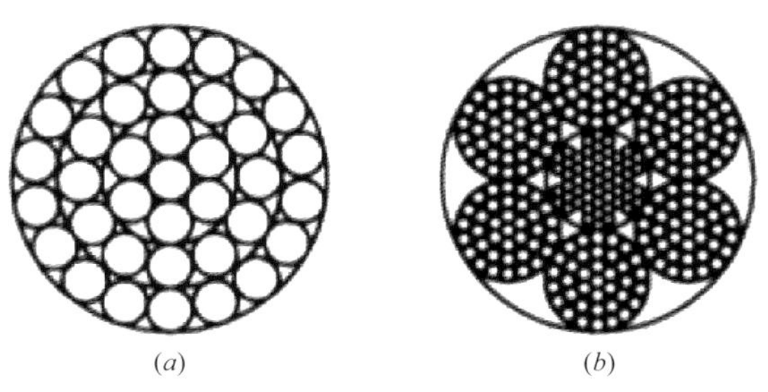

图 2.2.3 钢丝绳索体截面型式

（*a*）单股钢丝绳；（*b*）多股钢丝绳

（2）钢绞线

钢绞线索体是由索股和索芯组成，且其索股和索芯均为钢丝捻制而成。钢绞线具有破断力大，柔韧性好、方便施工等优点而被广泛应用于索结构当中。目前国内常用的是 7 丝钢绞线，即由 6 根外层钢丝绕 1 根中心钢丝按同一方向捻制而成，标记为 1×7（或 1+6）。

（3）非金属索体

非金属索体力学和防腐性能良好，但在实际工程中应用较少。

2. 锚具

膜结构拉索的索头锚具形式主要由索头的连接构造决定，充气膜结构工程中常用的是压接锚。压接锚通过压接工艺采用液压机挤压索头使其咬紧索体，与索体固接并能传递载荷。压接适合于直径较小的钢丝绳（或钢绞线，通常直径 ϕ10～50mm）。压接段长度约为 8～10 倍索体直径，套筒直径为索直径的 1.5～2 倍。压接索头较小，形式简洁、美观，制作容易，造价低。压接索头主要有三种基本形式：开口叉耳、闭口眼和螺杆丝杠。充气膜结构中多采用索头为闭口眼的压接锚，如图 2.2.4 所示。其闭口眼由钢索沿套环（如图 2.2.5 所示）绕回通过套筒压接而形成。

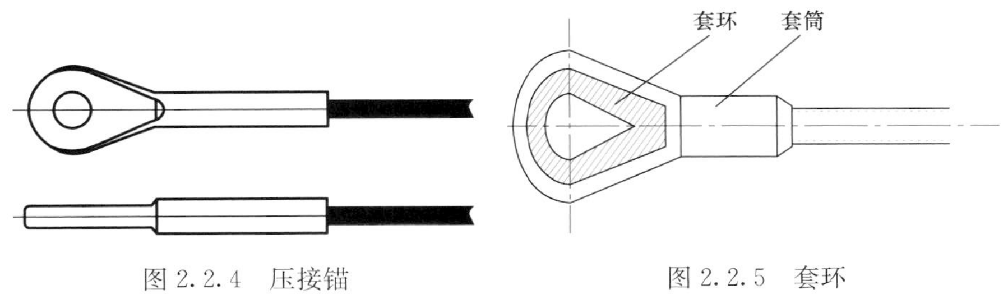

图 2.2.4 压接锚

图 2.2.5 套环

2.2.2 拉索的力学性能

膜结构工程中常用的索体为钢丝绳和钢绞线，它们的基本组成材料均为高强钢丝。高强钢丝的直径规格一般为3～9mm，高强钢丝越细抗拉强度越高。钢丝的化学成分对其力学性能具有重要影响，应满足表2.2.1的要求（《塑料护套半平行钢丝拉索》CJ 3058）。膜结构中所使用的高强钢丝的力学性能则应满足表2.2.2的要求（《建筑缆索用钢丝》CJ 3077）。

镀锌前钢丝化学成分（质量分数，%） 表2.2.1

元素	C	Si	Mn	P	S	Cu
含量	0.75～0.85	0.12～0.32	0.60～0.90	≤0.025	≤0.025	≤0.20

高强钢丝的力学性能 表2.2.2

公称直径（mm）	公称抗拉强度（MPa）	屈服强度（MPa）		伸长率（%）$L_0=250$mm	弯曲次数		松弛率		
							初应力	1000h应力损失	
		Ⅰ级松弛	Ⅱ级松弛		次数（180°）	弯曲半径（mm）	抗拉强度	Ⅰ级松弛	Ⅱ级松弛
5.0	≥1570	≥1250	≥1330	≥4	≥4	15	70%	≤8%	≤2.5%
	≥1670	≥1330	≥1410						
7.0	≥1570	≥1250	≥1330	≥4	≥4	20	70%	≤8%	≤2.5%
	≥1670	≥1330	≥1410						

1. 钢丝绳

膜结构工程中一般采用金属芯的钢丝绳。钢丝绳的弹性模量比单根钢丝降低50%～60%，为（1.0～1.2）×10^5MPa，钢丝绳的弹性模量E_{wr}与单根钢丝的弹性模量E_0的关系为：

$$E_{wr}=E_0\cos^4\alpha\cos^4\beta \tag{2.2.1}$$

式中α是钢绞线制成钢丝绳时的捻制角度；β是钢丝制成钢绞线时的捻制角度。

钢丝绳的弹性模量通常差异较大，应根据具体构造而确定。在膜结构设计中，钢丝绳极限抗拉强度可选用1570MPa、1670MPa、1770MPa、1870MPa、1960MPa等级别。

2. 钢绞线

膜结构设计中，选用的钢绞线的极限抗拉强度为1570MPa、1720MPa、1770MPa、1860MPa、1960MPa等（《索结构技术规程》JGJ 257）。由于钢绞线由钢丝捻制而成，所以其受拉时位于中心的钢丝受力最大，其他位置钢丝的受力大小与捻制角度有关。

在膜结构设计中，索体材料的弹性模量需要由试验确定。在未进行试验的情况下，索体材料的弹性模量可按表2.2.3取值（《索结构技术规程》JGJ 257）。

索体材料弹性模量 **表 2.2.3**

索体类型		弹性模量（N/mm²）
钢丝绳	单股钢丝绳	1.4×105
	多股钢丝绳	1.1×105
钢绞线	镀锌钢绞线	(1.85～1.95)×105
	高强度低松弛预应力钢绞线	(1.85～1.95)×105
	预应力混凝土用钢绞线	(1.85～1.95)×105
非金属	CFRP 绞捻拉索	(2.0±0.1)×105
	CFRP 条带状拉索	2.06×105
	超高分子聚乙烯绳	3.00×105

索体材料的线膨胀系数需由试验确定。在不进行试验的情况下，索体材料的线膨胀系数可参照表 2.2.4（《索结构技术规程》JGJ 257）取值。

索体材料的线膨胀系数 **表 2.2.4**

索体种类	线膨胀系数（以每℃计）
钢丝束索	1.87×10^{-5}
钢绞线索	1.38×10^{-5}
钢丝绳索	1.92×10^{-5}
CFRP 拉索	$(0.5\sim0.6)\times10^{-5}$
超高分子聚乙烯绳	1.5×10^{-4}

2.3 保温材料

气承式膜结构建筑，其内部如果有人员活动或工业生产的工艺要求，围护结构需要采取保温措施。保温设计和保温材料的选取应遵循相应的热工、节能和消防规范。

对于气承式膜结构体育场馆，一般通过附加内膜悬挂在承受荷载的外膜上，形成一定的空气间层来达到保温隔热的效果。在内外膜中间填充保温材料，可以进一步提高保温隔热的效果。

以下为一些常用的保温材料。

1. 玻璃纤维棉双面覆铝箔玻纤布（图 2.3.1）

燃烧性能等级 A 级，多应用于严寒地区、寒冷地区和夏热冬冷地区，厚度一般取 50～100mm，幅宽 1200mm，卷长 20～30m。导热系数（常温）≤0.045W/(m·K)。

图 2.3.1 玻璃纤维棉双面覆铝箔玻纤布

2. XPE(化学交联聚乙烯泡棉）双面复合铝箔（图 2.3.2）

燃烧性能等级 B1 级，多应用于夏热冬暖地区和潮湿环境，厚度一般取 3～20mm；幅宽 1000mm，卷长 20～30m。导热系数（常温）≤0.040W/(m·K)。

3. 橡塑保温棉双面复合铝箔（图2.3.3）

橡塑保温棉为闭孔弹性体材料，采用丁腈橡胶、聚氯乙烯为主要原料，发泡而成。燃烧性能等级B1级，多应用于夏热冬暖地区和潮湿环境，厚度一般取5～25mm；幅宽1500mm，卷长20～30m。导热系数（常温）≤0.040W/(m·K)。选用时要注意有些厂家的产品通常用于室外，有可能有异味。

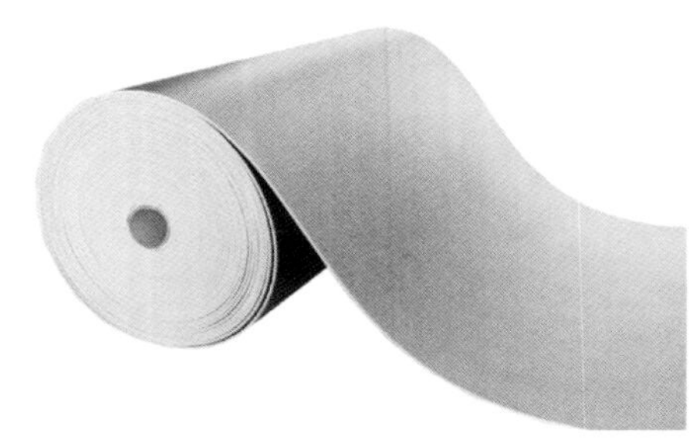

图2.3.2 XPE双面复合铝箔

图2.3.3 橡塑保温棉双面复合铝箔

4. 玻璃纤维气凝胶毡（图2.3.4）

气凝胶是一种具有超低密度的固体新材料。具有纳米多孔结构，有极强的隔热性能。玻璃纤维气凝胶毡是将气凝胶与玻璃纤维复合制成的柔性保温材料。

图2.3.4 玻璃纤维气凝胶毡

气凝胶燃烧性能等级A级，多应用于严寒地区、寒冷地区和夏热冬冷地区。在一些特殊用途的场合，例如气承膜结构的冰雪项目、冷藏库等使用效果良好。厚度一般取3～10mm；幅宽1500mm，卷长15～30m。导热系数（25℃）≤0.018W/(m·K)。玻璃纤维气凝胶毡在安装时容易掉粉，应做好施工和使用中的保护工作。

5. 无纺布气凝胶毡（图2.3.5）

无纺布气凝胶毡是由二氧化硅纳米气凝胶颗粒和无纺布基材复合而成，保温隔热性能

图2.3.5 无纺布气凝胶毡

卓越，透光性能良好。在提供保温性能的同时保持自然采光的能力，提供柔和的自然光线，晴天室内无须照明，保持膜结构通透的特性，同时节约能源。透光率约 20%（8mm 厚度），导热系数（25℃）≤0.020W/(m·K)。

2.4 连接辅件材料

气膜结构中连接辅件材料主要包括：非金属材料与金属材料，金属材料主要有铝合金、不锈钢和钢材等，非金属材料主要 PVC 橡胶垫、边绳和绑绳等。

1. 金属连接辅件

大型气承膜分片及与边界的连接，各种形式节点采用金属连接和紧固件。连接夹板（压板）可采用铝合金、不锈钢和钢材，铝合金材质符合《铝合金门窗工程技术规范》JGJ 214、《铝合金结构设计规范》GB 50429 规定，不锈钢材质符合《不锈钢结构技术规范》CECS 410 要求，钢材符合《钢结构设计标准》GB 50017 要求。连接紧固件可采用高强螺栓和不锈钢螺栓，不锈钢材质符合《紧固件机械性能，不锈钢螺栓、螺钉、螺柱》GB/T 3098.6 要求，高强螺栓材质符合《钢结构用高强度大六角头螺栓》GB/T 1228 要求。

在气承膜特别是 ETFE 气枕膜结构，其金属连接多采用定制铝合金型材，挤塑成型，其材质符合《铝合金门窗工程技术规范》JGJ 214、《铝合金结构设计规范》GB 50429 规定。

2. 非金属连接辅件

非金属材料在气承膜结构连接中广泛应用，其中连接垫可采用改性聚氯乙烯（PVC）或弹性三元乙丙橡胶（EPDM）等，其材质符合《铝合金门窗工程技术规范》JGJ 214 中密封条材质规定。无论采用铝合金型材导轨或压板连接的膜片，其边缘均设有边绳，一般采用 ϕ12～20 尼龙绳或 EPDM 圆条。绑绳仍然应用于气膜某些连接，绑绳可为聚酯、芳纶纤维绳，以及带金属芯或护层提高强度刚度和耐久性，绑绳直径大于 ϕ9、孔眼间距 150mm。FEP（氟化乙烯丙树脂）薄膜本身可用于气枕薄膜，同时亦可作为 PTFE 膜材热合焊接辅助材料，或膜边索套内护层薄膜，其厚度 0.1～0.25mm，屈服点约 13.0MPa，强度约 25.0MPa，模量约 510～540MPa。聚酯带（Belt，Webbing）亦可用于膜边连接。气承膜锚固边可采用方木挤压，木材采用优质木材，且需防腐处理，方形或矩形边长不小于 5cm。

第3章 建筑与设备设计

气承膜结构建筑的设计类似于传统建筑，包含建筑、结构、给水排水、暖通和电气等设计。建筑设计的主要内容是功能布局和消防疏散。一般把暖通和电气设计合并称为设备设计，包括机械单元（风机或风柜）、空调、照明和控制等。ETFE 气枕式膜结构一般用作建筑外围护，可以实现任何玻璃建筑具有的效果，深受建筑师的喜爱。其设备设计主要指供气机、供气管道和控制系统。

3.1 建筑设计

建筑设计时建筑师应该从室外总体布局入手，首先应满足业主提出的功能要求，同时做好建筑的形体和立面设计。

3.1.1 总体布局设计

气承式膜结构建筑一般体量较大，需要在总体布局中协调设计，其光污染、遮挡日照和设备噪声等对周围环境的影响也不容忽视。

建筑设计应从全局出发，综合考虑建筑物室外空间的各种因素，作出总体安排，使建筑物内在功能要求与外界条件彼此协调。单体建筑设计应在总体构思的原则指导下进行，并受总体布局的制约。因此，设计构思应遵循“由外到内”和“由内到外”的原则，先从总体布局着手。根据外界条件使单体建筑设计在体型、体量、色彩、朝向、交通等方面同总体布局及周围环境取得协调。

在总体设计中既要考虑使用功能、经济和美观等内在因素，也要考虑当地的历史、文化背景、城市规划要求、周围环境、基地条件等外界因素。如建筑物的入口方位，内外交通的组织方式、体型高低大小的确定、建筑形象与周围环境的协调等一系列基本问题都要考虑外界因素。

图 3.1.1 所示气膜项目位于某城市中央商务区，为中央商务区配套全民健身场所，包

图 3.1.1 某城市中央商务区充气膜结构

括气膜结构的体育馆、体育休闲广场、配套停车位及周边绿化。气膜结构的体育馆周边设置了消防通道，四个方向分别留出了25m的绿化屏障，主入口朝南，设置树阵广场便于集散和提供休息场地。

图3.1.2所示气膜项目位于某城市花卉博览园中，通过多种颜色搭配的彩色气膜和园中的绿植、花卉互相映衬，和谐统一。

图3.1.2　某城市花卉博览园气膜工程

3.1.2　建筑功能设计

充气膜结构可用于多种工业与民用建筑场所，气承式膜结构多应用于全民健身体育馆和工业散粒物料存储仓库，气枕式膜结构多用于建筑外围护结构。

气承式膜结构建筑一般都有下列功能要求：(1) 满足采光照明功能；(2) 满足通风功能。对于全民健身气膜体育馆，还须满足新风量、温湿度和适应运动的空气洁净度要求。对于气膜煤棚，须具有煤尘抑制、瓦斯排放的功能，并满足存储煤的生产工艺。

做好建筑的功能分区和交通流线设计是建筑功能设计的关键。气承式膜结构由于自身特点，建筑内部多为单一大空间，功能分区比较简单，交通流线设计难度较大。

民用建筑将空间按不同功能要求进行分区，并根据它们之间联系的密切程度加以组合、划分。功能分区的原则是：分区明确、联系方便。同时还要根据实际使用要求，按人流活动的顺序关系安排位置。空间组合、划分时要以主要空间为核心，次要空间的安排要有利于主要空间功能的发挥；对外联系的空间要靠近交通枢纽，内部使用的空间要相对单一；空间的联系与隔离要在深入分析的基础上恰当处理。

根据气承式膜结构建筑内部多为单一大空间的自身特点，将不同功能区域用不同的气承膜结构搭建，通过合理的交通流线设计将各个功能区域联系起来。图3.1.3～图3.1.6所示南方某城市冰雪运动中心项目，设计中用两个气承膜结构实现冰雪运动中心的冰场和雪馆两个不同功能区域，并通过接待中心联系起来，功能分区明确，交通流线简洁，并在满足建筑功能需求的基础上

图3.1.3　某城市冰雪运动中心气膜工程效果图

大大降低了使用能耗。

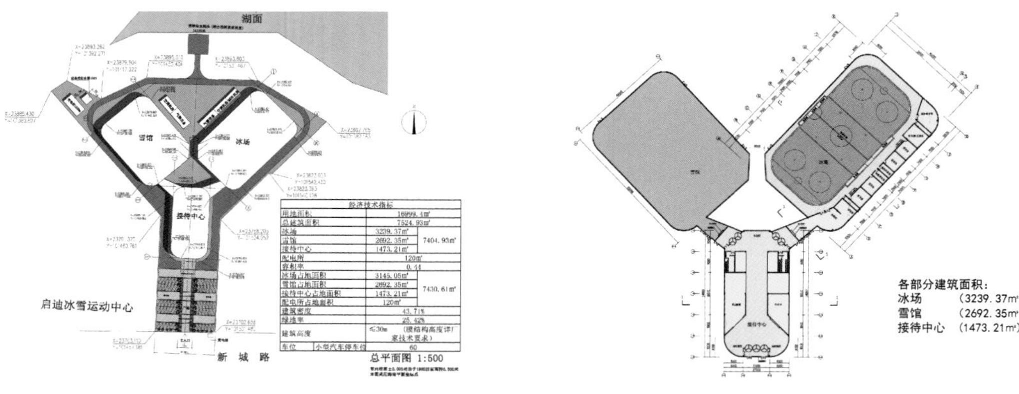

经济技术指标			
用地面积		16999.4m²	
总建筑面积		7524.93m²	
冰场		3239.37m²	7404.93m²
雪馆		2692.35m²	
接待中心		1473.21m²	
配电所		120m²	
容积率		0.44	
冰场占地面积		3145.05m²	7430.61m²
雪馆占地面积		2692.35m²	
接待中心占地面积		1473.21m²	
配电所占地面积		120m²	
建筑密度		43.71%	
绿地率		25.42%	
建筑高度		≤30m （膜结构高度详厂家技术要求）	
车位	小型汽车停车位	60	

图 3.1.4　某城市冰雪运动中心气膜工程总平面图　　图 3.1.5　某城市冰雪运动中心气膜工程平面图

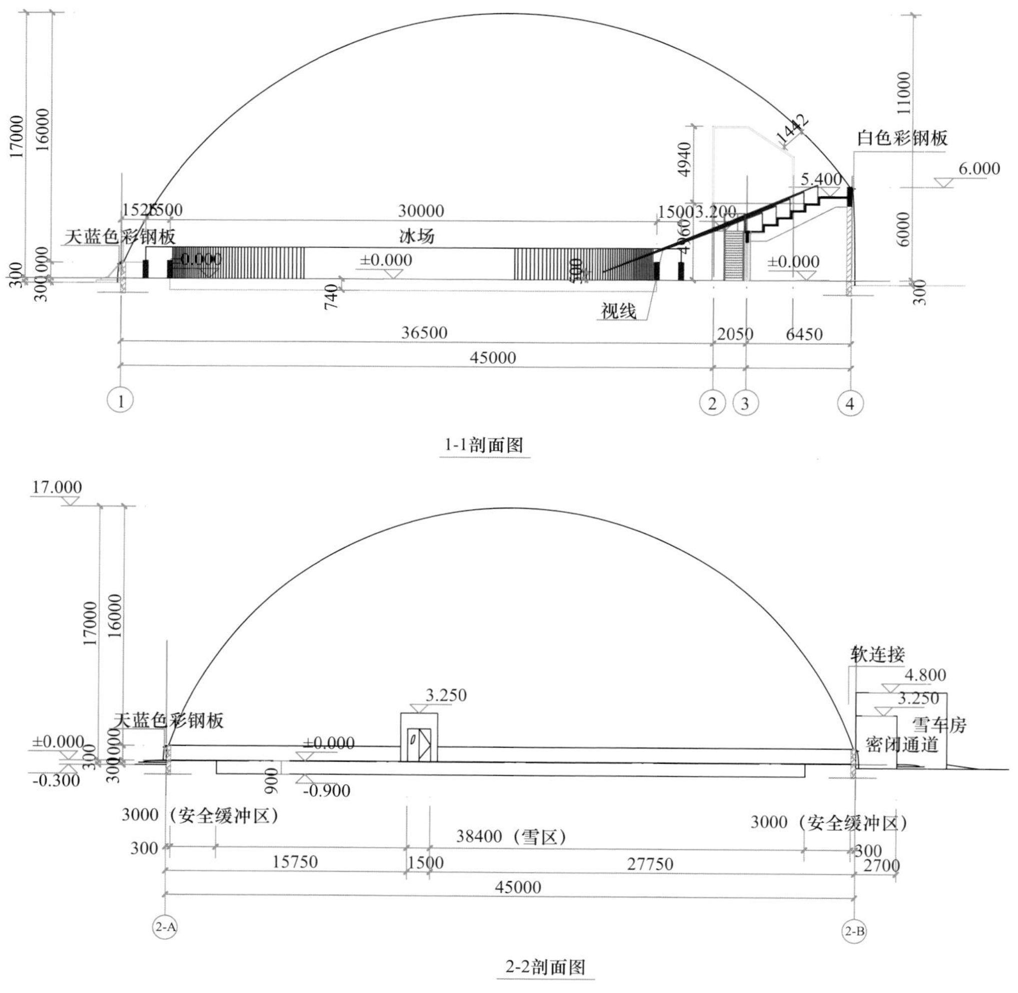

1-1剖面图

2-2剖面图

图 3.1.6　某城市冰雪运动中心气膜工程剖面图（一）

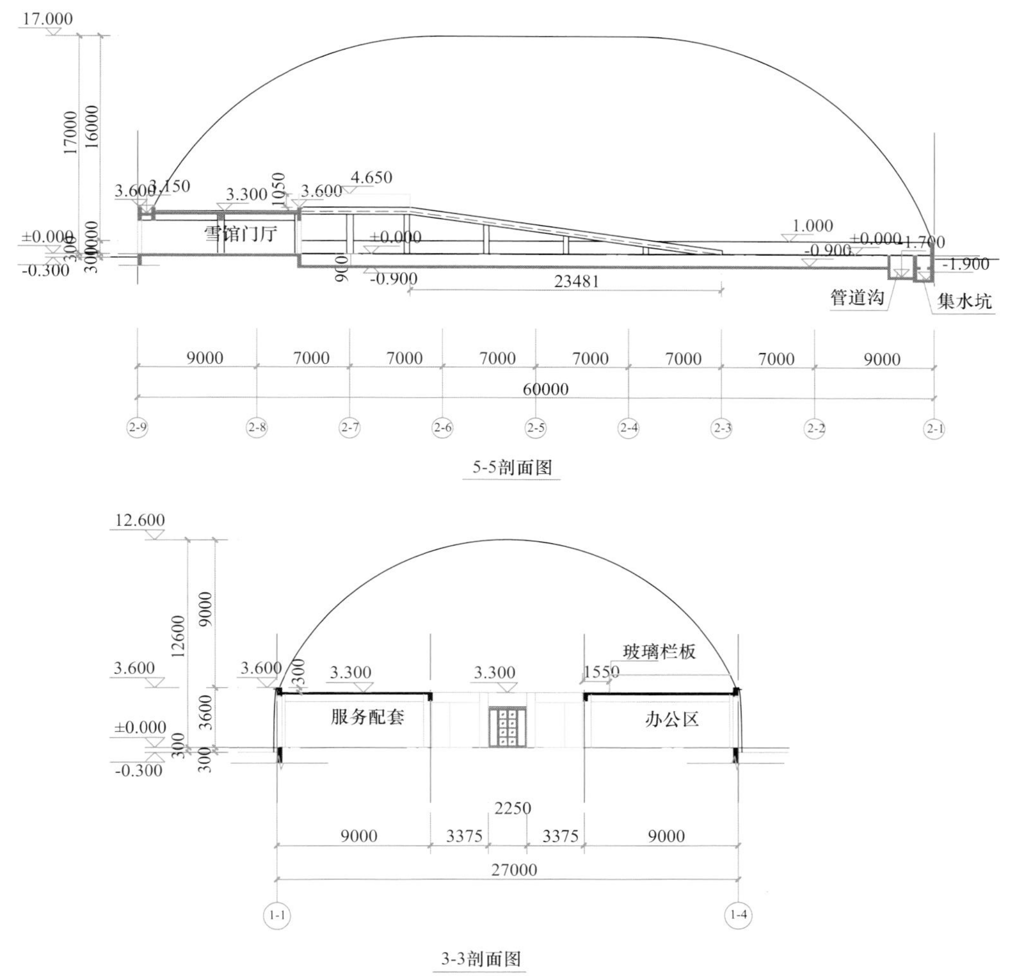

图 3.1.6 某城市冰雪运动中心气膜工程剖面图（二）

3.1.3 建筑形体设计

建筑体量、形象、材料、色彩等都应同周围环境协调。建筑设计构思要把客观存在的“境”与主观构思的“意”融合起来。一方面要分析环境对建筑可能产生的影响，另一方面要分析设想中的建筑在自然环境中的地位。因地制宜，结合地形的高低起伏，利用水面的宽窄曲折，把自然景色组织到建筑物的视野中。如果建筑物处于自然风景区，应使建筑物同自然环境相协调。

充气膜结构有特殊的建筑造型，具有正高斯曲率和稳定的几何形态，气承式膜结构可直接作为建筑的支承与覆盖体系。气承式膜结构的平面形状宜选用凸多边形，尽量避免锐角的出现。气承式膜结构的矢跨比不宜小于 1/3，也不宜大于 2/3；对于无雪荷载，或具有除雪或融雪设施的屋面，矢跨比可适当降低但不宜小于 1/6。

气承式膜结构可以用不同颜色、不同透光率的膜材组合或在膜体上印刷图案来丰富建筑趣味性。此外，艺术灯光设计是建筑设计的一种重要手法，对大型公共建筑尤为重要。由于膜材的透光性、漫射性和反射性，在膜内外布置一些彩色灯具和激光投影仪，在夜间和节日等场合可得到极佳的建筑艺术效果（图3.1.7）。

图3.1.7　充气膜建筑形体设计示例

气枕式膜结构的平面形状宜选用凸多边形，尽量避免45°以下的锐角。采用圆形边界时，宜用多边形拟合，以减小加工的难度。当采用低于45°锐角时，宜进行局部切角处理（图3.1.8，法国里昂中心），以避免出现阴角使安装时带来破损的风险，可通过在阴角处将原单元分割为两个较小单元处理（图3.1.9，澳门海立方）。

图3.1.8　法国里昂中心

图3.1.9　澳门海立方

气枕单元的跨度与外部荷载大小有关，宽度一般为2～5m，长度在理论上没有限制，如图3.1.10所示为瑞士马索拉热带雨林馆。

图 3.1.10 瑞士马索拉热带雨林馆

气枕式膜结构的矢跨比宜介于 8%～12%。因建筑造型需求需要较低矢高时，不宜低于 5%，过小的矢高将降低气枕单元的承载力；因建筑造型或结构分析需要较高矢高时，不宜高于 15%，过大的矢高将容易造成非圆形边界气枕角部的褶皱（图 3.1.11）。

图 3.1.11 过大矢高引起的气枕角部皱褶

ETFE 气枕可根据强度的保温性能的需求不同，采用双层气枕、三层气枕、四层气枕、五层气枕等。双层 ETFE 气枕常用于保温要求不高的商业街、雨棚等；三层 ETFE 气枕常用于保温要求较高的封闭式采光顶，用于代替玻璃采光顶；四层气枕和五层气枕是当建筑师和业主对项目有更高的要求时，例如保温要求高，节能要求严格，或荷载异常大，常规做法已无法满足强度要求的时候使用。

ETFE 膜材通过表面的镀点进行遮阳，不同膜号、不同覆盖率遮阳效果有着本质的区别，视觉效果也不同。膜材种类的选择，要根据应用地区差异及项目特殊要求不同而定。在气枕单元的一条边界设置 LED 灯带，即可通过膜材的散射，照亮整个气枕，形成优美的照明和装饰效果，图 3.1.12 为苏州圆融时代广场天幕的夜景。

图 3.1.12 苏州圆融时代广场天幕

3.2 建筑物理环境设计

建筑物理环境设计主要包括光环境设计、热环境设计和声环境设计。

3.2.1 光环境设计

充气膜结构的采光主要有两种方式：自然采光和人工补光。

图3.2.1 充气膜结构室内照明

1. 自然采光

气承式膜结构的自然采光，在膜体的适当部位布置具有透光性的膜材，透光膜的透光性约为3%～13%。对保温隔热要求较高的气膜建筑，透光膜的比例不宜过大。根据经验，透光膜的布置比例约为建筑投影面积的20%左右，如图3.2.1所示。可通过照度计算软件对不同采光带布置方式进行室内光照效果计算。

采光膜屋面总透射比计算：

$$K_{\tau} = \tau_{m} \cdot \tau_{w} \tag{3.2.1}$$

式中 τ_m——膜透光率，由不同膜材型号，单层膜、双层膜、隔热层透光率确定；

τ_w——膜屋面污染折减系数，可参照类似玻璃污染折减系数取值，其值宜根据膜自洁性、建筑所处地区（南方多雨水地区、北方干燥少雨区）、膜曲面类型、污染程度确定。

气枕式膜结构的透光率计算应区分可见光与太阳光。光环境分析的对象是可见光，《建筑玻璃可见光透射比、太阳光直接透射比、太阳能总透射比、紫外线透射比及有关窗玻璃参数的测定》GB/T 2680中定义的可见光波长范围380～780nm。而太阳光则包含了红外线、可见光和紫外线，GB/T 2680定义的波长350～1800nm，在热环境分析中，需要对太阳光直接透射比、太阳能总透射比进行计算。

气枕式膜结构采用的材料主要是ETFE膜材，该材料具有良好的自洁性，计算可见光透射比时，一般不需要考虑污染折减系数。

双层气枕的可见光透射比并非将两层膜材的可见光透射比直接相乘，而是应考虑光线在两层膜之间的多次折射和透射，采用如下公式计算：

$$\tau = \frac{\tau_1 \cdot \tau_2}{1 - \rho_1 \cdot \rho_2} \tag{3.2.2}$$

式中 τ——气枕可见光透射比；

τ_1——气枕外层膜材的可见光透射比；

τ_2——气枕内层膜材的可见光透射比；

ρ_1——气枕外层膜材的可见光反射比；

ρ_2——气枕内层膜材的可见光反射比。

三层气枕的可见光透射比采用如下公式计算：

$$\tau = \frac{\tau_1 \cdot \tau_2 \cdot \tau_3}{(1 - \rho_1 \cdot \rho_2)(1 - \rho_2 \cdot \rho_3) - \tau_2^2 \cdot \rho_1 \cdot \rho_3} \tag{3.2.3}$$

式中 τ——气枕可见光透射比；

τ_1——气枕外层膜材的可见光透射比；

τ_2——气枕中层膜材的可见光透射比；

τ_3——气枕内层膜材的可见光透射比；

ρ_1——气枕外层膜材的可见光反射比；

ρ_2——气枕中层膜材的可见光反射比；

ρ_3——气枕内层膜材的可见光反射比。

同一个项目中，也可在不同区域设置不同透光率的膜材，以达到丰富的建筑视觉效果，如图 3.2.2 为北京御马坊生态度假城。

图 3.2.2 北京御马坊生态度假城

2. 人工补光

(1) 照明方式及光源选择

照明系统设计应符合《建筑照明设计标准》GB 50034。可以通过设置柱式照明或吊式照明来实现，以弥补自然采光的不足。根据不同的功能需求，通过照度计算软件来选择灯具的形式及确定布置方式（图 3.2.3）。

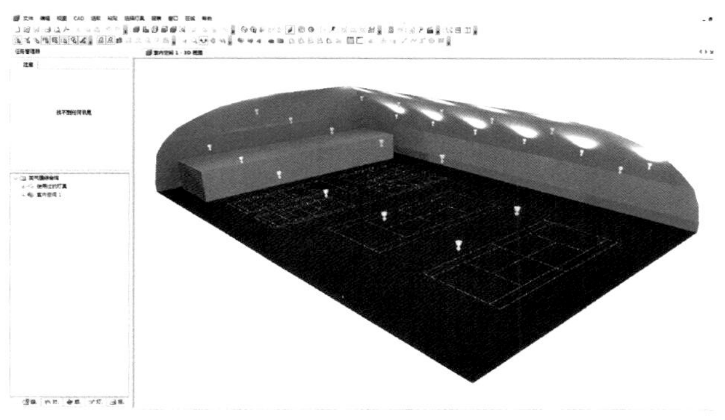

图 3.2.3 照度分析软件界面

照明系统依据建筑用途和客户要求，可采用直射式或反射式照明。直射式照明系统，通常使用悬吊结构，照度高、造价和能耗较低；反射式照明系统通过膜体表面反射灯光提供均匀无眩光的照明效果。

灯具的光源可以采用金卤光源（一般为 1000W）或大功率 LED 光源（一般为 250～400W）。灯具的启动电流不得大于运行电流。

柱式照明（图 3.2.4）主要由成套的照明灯具和灯杆组成，成套的柱式照明以布置在气膜周圈为宜，在不影响内部使用功能的前提下，也可以布置在场地内部的适当位置。灯具的光照一般采用反射式。

吊式照明（图3.2.5）主要由灯具和吊绳组成，通过在膜体上预留的吊式连接件实现灯具的吊挂，吊挂位置根据功能需求布置。膜体高度在20m以内时，可以采用反射式吊式照明，否则宜采用直射式照明。为保护膜面不被碰撞、接触损坏，应按照正常使用荷载和正常工作内部气压下膜屋面挠度的2倍为建筑参照形态，以此为基准确定照明设计净空。热源照明灯具与膜面的距离不应小于1.5m，并采取止晃措施。

图3.2.4 柱式照明

图3.2.5 吊式照明

对于有防爆要求的气承式膜结构，应采用防爆灯具。

对于体育场馆的照明设计，照度需满足现行《体育场馆照明设计及检测标准》JGJ 153的要求。

（2）照明控制

按照使用需求采用适宜的照明控制系统，控制方式可以采用本地控制或远程自动（含智能控制）控制，满足不同条件下的照明要求。

体育场馆可以设置不同的照明控制模式，如比赛、训练、集会、清洁等，满足场馆不同条件下的照明要求。

3.2.2 热环境设计

膜建筑热环境设计主要包括保温、隔热、通风与空调设备的综合设计。

应根据建筑物所在地域和使用特点采取有效的保温隔热措施，建筑物的室内温、湿度环境应符合现行国家标准《民用建筑设计通则》GB 50352和《民用建筑热工设计规范》GB 50176的规定。对室内湿度较大的建筑物，尚应采取防结露和冷凝水排除措施。

采用充气膜结构的建筑，其内部如果有人员活动或工业生产的工艺要求，往往围护结构要采取保温措施，保温的设计和保温材料的选取应遵循相应的热工、节能和消防规范。

对于气承膜结构的体育场馆，一般通过附加内膜悬挂在承受荷载的外膜上，形成一定的空气间层来达到保温隔热的效果。在内外膜中间填充保温材料，可以进一步提高保温隔热的效果。

气承膜结构中双层膜加保温材料的构造方式，由于内外膜的颜色不同、厚度不同、涂层方式不同和空气间层的大小不同等，其传热系数很难通过公式计算，一般通过实验室测定其平均传热系数。常用气承膜结构不同保温构造的传热系数参考值如下：

双层透光膜　1.4～2.8W/(m^2·K)；

三层透光膜　0.9～1.3W/(m^2·K)；

双层膜＋保温材料　0.5～1.1W/(m^2·K)。

对于应用于寒冷地区和夏热冬冷地区的气承膜羽毛球馆、气承膜网球馆，围护结构的传热系数和围护结构总热阻可以用以下公式计算：

1. 围护结构传热系数：

$$K = 1/R_0 \tag{3.2.4}$$

式中　R_0——维护结构总热阻［(m^2·K)/W］。

2. 围护结构总热阻：

$$R_0 = R_i + R + R_e \tag{3.2.5}$$

式中　R_i——内表面换热阻［(m^2·K)/W］，冬季和夏季取值0.11；

R_e——外表面换热阻［(m^2·K)/W］，冬季取值0.04，夏季取值0.05；

R——围护结构传热热阻［(m^2·K)/W］，对于单一材料层的热阻可以用材料层的厚度除以材料的导热系数得到，对于多层匀质材料层结构的热阻可以用以下公式得出：

$$R = R_1 + R_2 + \cdots + R_n \tag{3.2.6}$$

式中　R_1、R_2、…、R_n——各层材料的热阻［(m^2·K)/W］。

【例3.1】　在寒冷地区的气承膜羽毛球馆，双层膜＋75mm厚玻璃纤维棉双面覆铝箔玻纤布保温材料的秋、冬季节围护结构传热系数计算如下：

(1) 双层膜热阻［双层膜间距大于150mm时传热系数可取为1.8W/(m^2·K)］：

$$R_1 = 1/1.8 = 0.56(\text{m}^2\cdot\text{K})/\text{W}$$

(2) 75mm厚玻璃纤维棉双面覆铝箔玻纤布热阻：

$$R_2 = 0.075/0.042 = 1.79(\text{m}^2\cdot\text{K})/\text{W}$$

(3) 围护结构总热阻：

$$R_0 = R_i + R_1 + R_2 + R_e = 0.11 + 0.56 + 1.79 + 0.04 = 2.5(\text{m}^2\cdot\text{K})/\text{W}$$

(4) 围护结构传热系数：

$$K = 1/R_0 = 1/2.5 = 0.4\text{W}/(\text{m}^2\cdot\text{K})$$

在气承膜保温材料设计中，单层膜的传热系数大，双层膜＋空气间层的传热系数小，双层膜加适当的保温隔热材料，其保温隔热性能甚至优于传统建筑的屋面。因此，从气承膜结构建筑热环境设计考虑，应根据建筑功能、环境、预算，采用双层膜、双层膜含保温材料或单层膜方案。

ETFE导热系数，国内有学者测试结果0.10W/(m·K)，国外有学者测试结果0.238W/(m·K)，但由于ETFE膜材厚度极薄，故其数值、颜色及是否印刷，均对气枕单元的整体传热系数影响很小。

【例3.2】　双层气枕，内外层均采用250μmETFE，冬季。

(1) ETFE膜材热阻：

$$R_1 = R_2 = d/\lambda = 0.00025/0.1 = 0.0025(\text{m}^2\cdot\text{K})/\text{W}$$

(2) 空气层热阻，大于25mm的空气层，其热阻R_g=0.18(m^2·K)/W；

(3) 气枕单元总热阻：

$$
\begin{aligned}
R_0 &= R_i + R_1 + R_g + R_2 + R_e \\
&= 0.11 + 0.0025 + 0.18 + 0.0025 + 0.04 \\
&= 0.335(m^2 \cdot K)/W;
\end{aligned}
$$

（4）气枕单元传热系数：

$$K = 1/R_0 = 1/0.335 = 2.99W/(m^2 \cdot K)$$

当 ETFE 导热系数采用 0.238 时，气枕单元总热阻 0.332$(m^2 \cdot K)/W$，传热系数 3.01$W/(m^2 \cdot K)$。

类似地，可以计算出三层气枕的传热系数约 2.0$W/(m^2 \cdot K)$，四层气枕的传热系数约 1.5$W/(m^2 \cdot K)$，与 ETFE 膜材的厚度、种类、空气层厚度的关系均不大，只与气腔数量有直接关系。

3.2.3 声环境设计

膜建筑的声环境设计通常包括内部回声设计和外部噪声隔离设计。

气承膜式膜结构的内部轮廓对回声作用和混响时间的影响是不利的。回声时间与建筑内部体积成正比，与内表面吸声率成反比。好的语音品质要求回声时间短，避免声波间的相互干扰，大型闭合的建筑空间中有效解决这一问题非常困难。通过提高膜建筑内部地面粗糙度，增加室内座椅和采用吸声内衬膜等措施可有效降低空间回声。

膜材重量轻、厚度非常薄，阻隔外部噪声能力较低。单层膜的隔声能力差，双层膜的隔声效果可以满足全民健身体育场馆的使用，双层膜＋保温具有非常显著的隔声效果。

气枕式膜结构的声环境设计主要包括内部回声设计、外部噪声隔离设计和雨噪的降低措施。其内部回声及隔声性能与气承式膜结构相仿，但设计过程中还需考虑雨噪影响。

气枕单元是在多层膜材之间充气以维持形态，在雨滴的击打下将会产生一定噪声，可在气枕外层的外侧，设置一层消声网，雨滴落在消声网上，动能被吸收，从而有效降低雨噪，但是消声网较易积聚灰尘。

由于噪声的能量是随着空间距离而呈平方数衰减的，故有噪声控制的建筑里，可适当考虑 ETFE 采光顶与人活动的区域保持一定距离，并可合理设置吸声材料。气枕单元应用于建筑立面时，由于雨滴与气枕之间并非垂直接触，也可以显著降低雨噪。

3.3 建筑防火、疏散设计

膜建筑设计必须有明确防火设计思想。根据充气膜结构特点、内部火灾荷载和使用人数等来确定使用的膜材种类、疏散距离和消防设施等，依据消防性能化分析和专家会审意见来完成消防设计图纸。

现行国家标准《建筑设计防火规范》GB 50016 对空气支撑膜结构建筑没有明确的规定。美国土木工程协会标准 ASCE 17—96 根据膜材的燃烧性能，对气承膜结构建筑内部的可燃物数量、燃烧热值与容纳人数在标准中作出了限制。

对于ⅠA 和ⅠB 级不燃膜材：采用ⅠA 和ⅠB 不燃膜材的气膜建筑，无需考虑内部可燃物数量和容纳人数。

对于ⅡA级难燃膜材：使用ⅡA级膜材的气膜建筑必须符合下列要求中的一项：

（1）气膜建筑内部的可燃物数量不能超过24.4kg/m²，燃烧热值不能超过18600kJ/kg。容纳人数不超过600人。

（2）气膜建筑内部的可燃物数量不能超过73.2kg/m²，燃烧热值不能超过18600kJ/kg。容纳人数不能超过300人。

对于ⅡB难燃膜材：使用ⅡB级膜材的气膜建筑必须符合下列要求中的一项：

（1）气膜建筑内部的可燃物数量不能超过24.4kg/m²，燃烧热值不能超过18600kJ/kg。容纳人数不能超过300人。

（2）气膜建筑内部的可燃物数量不能超过73.2kg/m²，燃烧热值不能超过18600kJ/kg。容纳人数不能超过50人。

对于Ⅲ级可燃膜材：使用Ⅲ级易燃膜材的气膜建筑应限制使用于农业用途，并不对公众开放，诸如水产业或温室等。

其中ⅡA、ⅡB难燃膜材的燃烧性能基本对应于《建筑材料及制品燃烧性能分级》GB 8624的B1级。

另外ASCE 17-96标准也对灭火器、消防栓、火灾报警系统作出了一些规定。

根据国内目前已经通过消防设计专家评审的项目评审意见，气承膜结构防火设计时应注意以下方面：

当体育馆采用气膜屋顶时，该气膜的燃烧性能不应低于B1级，且燃烧时不应产生熔融滴落现象。气膜体育馆须设置消火栓、灭火器、火灾自动报警、应急广播设施。在机械单元和空调管道上增设防火阀。在场馆地面增设蓄光型疏散指示标志。体育场馆的疏散距离不宜超过30m。疏散门疏散净宽须大于1.4m。

3.4 门窗设计

气承式膜结构的门按使用对象主要分为人员进出门及车辆（设备）进出门。人员进出门又分为正常使用进出门及应急逃生门。

正常使用进出门主要有互锁式平开门及旋转门两种形式。对于进出人员少于100人/h的宜采用互锁式平开门，其由多套门体及压力缓冲区构成，通过多套门间交替开启实现互锁机制。互锁式平开门能提供较好的气密性，门扇需向高压区开启。对于进出人员多于100人/h的宜采用旋转门，旋转门能提供较高的通过效率，但气密性略差，采用旋转门作为人员进出门时，要有相应的安全保障措施避免人员夹伤。

应急逃生门仅作为紧急情况下供人员逃生时使用，正常情况下不得随意开启，但必须保证紧急情况下能方便开启，门体禁止用钥匙锁闭，宜采用安全推杠式门锁。为了确保紧急情况时应急逃生门的完整、可靠，不被失压后的膜体拉扯变形，应急逃生门的门框应具有足够的刚度；应急逃生门的门扇应设有可视观察窗；应急逃生门的门扇应开向逃生方向，如方向与正压方向相同，宜采用平衡式门扇开启方式，避免开启时对外部人员造成伤害；应急逃生门内部应配置有应急照明灯，外部设有警示标识。

应急逃生门的布置应参考《建筑设计防火规范》GB 50016 中的相应规定设置。

车辆（设备）进出门主要是解决气承式膜结构内部有车辆、大型设备、设施等进出而设置的，因此需按最大部件设计门体尺寸及压力缓冲区长度。车辆（设备）进出门的门体宜采用滑升门结构，该类型门体具有较好的气密性。对于有重型车辆进出的车辆（设备）进出门，其缓冲区地面，尤其是门体闭合处地面，应控制其沉降、变形，避免造成门体闭合不严的漏气现象。

气承式膜结构的窗多设置在附属结构承压墙体上，以固定窗为主，仅起到辅助采光或查看的作用，不能用于通风。窗体可选用钢化玻璃或亚克力作为透明材料。窗体结构应能够抵抗外部风荷载，以及内部最大工作气压。

气承式膜结构的门、窗结构，需同膜体等结构连接牢固、确保气密性。门、窗框架同膜体间采用刚性连接的，需验算膜体传递荷载下的安全性；采用柔性连接的，需验算连接位置的容许位移。

上述门体、窗体以及玻璃均需按最大工作内压及风荷载验算其承压能力。玻璃宜采用钢化夹胶玻璃。

有节能设计要求的气承式膜结构建筑，其门、窗结构还需满足节能设计中的相关规定。

3.5　设备设计

3.5.1　充气系统

充气膜结构要维持正常的工作压力，需要通过充气设备往膜建筑内持续不断地补充空气。充气设备可以是单独的离心风机（图 3.5.1），也可以做成新风机组的形式（图 3.5.2）。

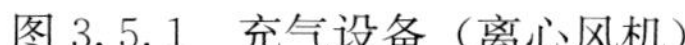

图 3.5.1　充气设备（离心风机）

图 3.5.2　充气设备（新风机组）

充气设备要能自动地提供足够的充气量来维持气压，它们应兼顾初次充气、正常补气（包括空调季、过渡季对新风量的不同要求）等各种工况对风量、风压的要求，同时应校核火灾时膜体破损、疏散门开启状态下膜体塌落到设定高度（参照美国标准暂定 2.1m）的时间应满足疏散要求。充气系统必须设置备用系统并能自动切换。

充气设备的设计应满足以下要求：

(1) 所有的气承膜结构都必须配备至少两台风机，如果一台风机故障，另一台风机必须能自动启动。

(2) 所有的充气设备都要采取足够的保护措施，比如入口设置过滤网，进行皮带保护(如果采用皮带传送的形式)等。

(3) 要保证所有的充气设备在各种天气状况下都能正常连续地工作。

(4) 在所有风机的进风口处，都要装备止回阀来保证风机处于停止状态时不漏气。

气枕式膜结构的充气系统包括供气机和供气管道，一台供气机内需配置两台风扇(相当于气承式膜结构一个机械单元里的两台风机)并能自动切换。一台供气机应配置三个压力感应器，其中"最大压力感应器"配置在距离供气机较近的气枕，以监控整个ETFE气枕系统的压力不超过设定的最大工作压力值；"最小压力感应器"配置在距离供气机较远的气枕，以监控整个ETFE气枕系统的压力不低于设定的最小工作压力值；"标准压力感应器"配置在距离供气机位置中等的气枕，以监控整个ETFE气枕系统的压力不超过设定的正常工作压力值。

供气管道的材质可选用镀锌钢材、不锈钢、PVC(聚氯乙烯)或HDPE(高密度聚乙烯)，管径的计算与选择应考虑气流风速、管道材质、管道长度引起的沿途压力损失和弯头、直接、三通处的接头压力损失。

采用供气软管一端与上述供气管道连接，另一端与气枕进气口采用喉箍连接，如图3.5.3所示。

图3.5.3 供气软管与气枕进气口

3.5.2 气承式膜结构控制系统

气承式膜结构建筑是由内外的气压差维持膜结构的稳定形态，当外部荷载改变时，气承膜内外压差也应随之动态改变。气承式膜建筑的这种结构特点，使得其结构稳定性与内外压差控制密切相关，必须采用一套高效、可靠的监测和控制系统，监测并控制内外压差变化。控制系统必须连续不间断工作，控制电源和关键部件宜冗余配置。控制系统还应具有自动控制和手动控制多种工作方式，并具备多级报警和监控功能，以应对复杂的运行工况。

1. 控制原理

气承膜控制系统依据充气系统的不同，可采用调频或调阀模式动态控制内外压差。调频模式通过动态调节补压风机的频率(转速)维持结构所需的内外压差。调阀模式是使补压风机定频运行，通过动态调节回风阀的开度维持结构所需的内压。根据通风系统的运行要求，也可以调频模式和调阀模式共用来维持结构所需的内外压差。气承膜建筑所需的内外压差由结构计算确定，随外部荷载的变化需做相应调整。

2. 控制系统分类

气承膜建筑控制系统按控制方式不同可分为手动控制系统和自动控制系统。早期的气承式膜结构的控制系统多采用手动控制方式，所有操作和控制都需要人工参与，控制系统只有简单的压力连锁启停风机控制和风机备用自投控制，内压控制精度差、操作繁琐、安全性和稳定性都较差。随着计算机控制技术的发展气承式膜结构都采用智能自动控制系统，自动控制系统以 CPU 控制器为核心，配以传感器、执行器和监控器完成气膜内外压差的自动控制。控制系统自动化程度高，可达到无人值守，同时具有丰富的报警和监控功能。

3. 自动控制系统

（1）系统组成

气承膜建筑自动控制系统由控制单元、报警和监控单元、执行单元、仪表传感器单元组成，可实现对气膜各种工况下的内外压差自动调节功能。控制单元多采用可编程控制器，对大型气承膜建筑推荐使用双机热备系统。变频器和风阀等执行单元应冗余配置，以满足单一部件故障时的备用，确保控制系统连续不间断运行。仪表传感器包括室内外压差传感器、温湿度传感器、室外风速传感器等，用于采集气承膜建筑的运行工况。监控单元使用触摸屏或电脑配以监控软件，实现控制系统的数据采集、数据记录和人机交互。根据需要，控制系统还可配置远程网络访问接口，实现远程网络监控。为随时掌握控制系统的运行工况防患于未然，控制系统宜具备本地和远程报警功能，本地报警通过声光报警器实现，远程报警采用发送短信的方式及时提醒设备故障，使维护人员能随时随地了解控制系统工作状态和气承膜建筑运行工况。

（2）控制方式

自动控制系统一般同时具有手动和自动两种控制方式，正常情况下系统通过压差传感器和风机、风阀等的状态，自动控制风机、风阀的运行和设备轮换，实现无人值守控制。当调试和设备检修时，可切换到手动工作方式，通过控制按钮和操作元件实现控制系统的手动补压控制。

4. 电源配置

气承膜建筑控制系统需要连续工作，所以电源系统必须冗余配置，一般除了提供市电供电外还需要备用一台柴油发电机，两路电源需实现自动切换。备用电源的燃料也可以是汽油、柴油或天然气等。

图 3.5.4　备用电源（柴油发电机）

备用电源应能自动启动。当正常的供电线路出故障时，备用电源应该在 30～60s 内自动启动。备用电源的燃料储存至少要满足 8h 的连续运行。

为了确保备用电源能够正常地自动启动，应该采取措施使备用电源处于良好的状态，防止受到气候条件的影响。备用电源是充气膜结构中比较重要的一个设备，要做好定期的测试和检查工作。如图 3.5.4 所示。

3.5.3　气枕式膜结构控制系统

气枕式膜结构的控制系统包括压力传感器、风速传感器、雪传感器和集成监控单元。

气枕控制系统的工作机制如下：

- 供气机开始工作后，气枕初始内压（指内压与大气压的压差）从 0 开始增长，两台风扇同时工作；
- 当达到预设的最小工作压力值时（比如 200Pa），其中一台风扇停止工作。

不同的供气机有两种不同的控制逻辑。其中一种是当达到预设的正常工作压力值（比如 300Pa），另一台风扇并不会立即停止，而是会继续运行到预设的正常工作压力值的允许浮动上限值（比如 320Pa）时才停止，当由于管道接头部位的一些自然漏气导致气枕内压降低到 300Pa 以下时，风扇并不会立即启动，而是会在内压进一步降低到允许浮动下限值（比如 280Pa）时才再次启动。另一种控制逻辑则采用变频方式，达到最小内压后，一台风扇停转，另一台风扇以较低频率、较低功耗持续运行，以补偿压力的自然损失，使内压较为稳定地维持在预设的正常工作压力值附近。在风力较大或积雪达到一定厚度之后，风速感应器或雪感应器反馈信号给集成监控单元，供气机将为气枕进一步增压，达到预设的风雪下的内压值（如 500Pa），以抵抗风雪荷载。特殊情况下，系统检测到最大压力传感器反馈的信号超过预设的最大工作压力值（如 600Pa）时，两台风扇将都停止运行，以免气枕内压进一步增大而导致气枕破坏。

气枕式膜结构工程中，一台供气机往往控制着几十个或者几百个气枕单元，只采用三个代表性的气枕配置了压力感应器，三个代表性的压力感应器，可以有效避免整个气枕系统出现整体的压力不足或者压力过高，从而导致系统整体破坏的情况。特殊情况下，当个别气枕破损导致个别气枕失压时，由于气枕单元的进气口管径（比如 32mm）与供气管道直径（比如 100mm）相比较小，个别进气口的压力损失不影响整个供气管道的供压。个别气枕的破损将不会在集成监控单元中显示，但是根据操作手册进行的日常巡检可发现，并可通知厂家或根据厂家操作手册进行应急处理。

气枕式膜结构往往以钢结构为支撑骨架，当特殊情况下停电时，气枕内压一般仍可在数小时内维持一定压力，供电力检修，即使气枕失去压力，也不影响支撑结构，所以气枕式膜结构并不一定必须配置备用发电机。需要注意的是，当停电后适逢下雨形成气枕失压后兜水，应采取有效的构造或应急措施，避免水兜增加结构荷载，影响结构安全。如果预算较为充足，并且较为担心特殊情况下的停电又叠加了特大的风雪，从而造成气枕破坏，可以设置备用发电机。

3.5.4 空气调节系统、防雷设计

1. 空气调节

空调机组的性能系数应满足《公共建筑节能设计标准》GB 50189 的规定。优先考虑无机房露天布置机型，气承式膜结构空间内优先考虑全空气系统。气流组织应将人员停留区处于回流区。气膜空间内冬季原则上不另设散热器、地板敷设等采暖系统。当空调机组冬季采用热水加热盘管时应采取可靠措施防止盘管冻裂。

2. 防雷设计

膜结构建筑防雷设计应按照现行《建筑物防雷设计规范》GB 50057 的规定，采取有效的防雷保护措施。

宜利用膜结构钢缆索网作接闪器，膜材固定锚栓作防雷引下线，结构基础内钢筋作接地装置，锚栓与基础内钢筋采用直径不小于 12mm 的圆钢焊接，并在室内外的适当地点设若干连接板，接地体连接板处宜有明显标志且距地面不低于 0.3m。

应根据工程具体情况选择相应的接地和安全防护方式，不同电压等级用电设备的保护接地和功能接地宜采用共用接地网，接地电阻应符合其中最小值的要求。根据工程具体情况采取相应的等电位联结。

第4章 结构设计

充气膜结构应进行初始形态分析、荷载效应分析、裁剪分析。初始形态分析可采用非线性有限元法、动力松弛法和力密度法等。荷载效应分析可采用非线性有限元法和动力松弛法。气承式膜结构计算时应考虑结构的几何非线性，还应考虑由于膜面单向皱褶和双向皱褶退出工作对结构刚度的影响。结构计算中，对于涂层织物宜考虑膜材的各向异性。膜结构计算模型的边界支承条件应与支承点的实际构造相符合，对于可能产生较大位移的支承点，在计算中应充分考虑支座位移的影响，或与支承结构一起进行整体分析；对于直接放置于地面上的气肋式膜结构还需考虑气肋式膜结构与地面的接触问题。对气承式膜结构中的索、膜构件，可不考虑地震作用的影响。气承式膜结构的最大工作内压应保证在最不利的外界环境条件下，结构不会出现过大的变形；最小工作内压应保证正常气候条件和正常使用条件下结构体系的稳定性，其值不宜小于200Pa；正常工作内压应保证常遇荷载作用下结构体系的稳定性，并应保持室内环境的舒适度。

4.1 形态设计

充气膜结构形态从力学角度应为非负高斯曲面，通过适当内压有效维持形态，并提供充气膜结构刚度以承受外部载荷与作用。

充气膜结构形态平衡的基本方程如下

$$\frac{\sigma_1}{r_1}+\frac{\sigma_2}{r_2}=p \tag{4.1.1}$$

式中 r_1、r_2——充气膜结构两个主曲率半径；

σ_1、σ_2——两个主应力；

p——内外压差。

1. 气承式膜结构

气承式膜结构是应用最广泛的一种充气膜结构，包括体育、商业、工业仓储等。平面布局灵活，可设计为矩形、多边形、圆形、椭圆形，以及组合形态，宜在同一标高，或坡度小于10%。气承膜的膜面可根据等应力、非等应力找形，以及基于合理几何设计（柱面、球面、椭球面等）。矢跨比不宜小于1/3，也不宜大于2/3，对于无雪荷载或具有除雪或融雪设施的屋盖矢跨比可取1/6～1/3。针对雷达罩、储气罐等特殊气承式膜结构矢跨比可达4/5。气承式膜结构中小跨度可设横向加劲索，大跨或大矢跨比可设交叉加劲索网，从而提高其充气压力和抗风承载力。

气承式膜结构是实现大跨度建筑空间的一种高效经济的结构体系，但是，其承受外荷载与作用的能力主要依赖于最大充气压力、材料强度和控制系统等，是一个对风荷载敏感的柔性结构体系。根据气承式膜结构建筑环境，特别是风、雪，以及建筑用途与安全性，选择合理的形态参数。气承式膜结构可按跨度 30m、60m、90m、120m 分为小跨、中跨、大跨、超大跨。对于大跨，特别是超大跨气承式膜结构，应对充气设备、控制系统和结构体系及材料特别设计，保证结构安全，并进行必要的专项技术审查论证。

在气承式膜结构形态初步设计阶段，可采用薄膜壳体无矩理论进行结构分析。对于特定形状的气承式膜结构，膜面应力可根据下式计算：

$$\sigma = PRC \tag{4.1.2}$$

式中：σ——在充气压力和荷载作用下膜面的应力值（N/m）；

P——内部充气压力与风压叠加后作用值（Pa）；

R——曲率半径（m）；

C——气承式膜结构的形状系数。

对于广泛采用的圆柱形和球形气承式膜结构，其曲率半径 R 可根据矢高 H、跨度 W 计算如下：

$$R = \frac{H^2 + \left(\frac{W}{2}\right)^2}{2H} \tag{4.1.3}$$

对于常用规则几何形态气承式膜结构，其形状系数 C 如下：

（1）圆球形

对于圆球形气承式膜结构，如图 4.1.1 所示，其形状系数：$C=0.5$，即球形气承式膜结构的经纬向膜面应力可分别表达为：

$$\sigma = \frac{PR}{2} \tag{4.1.4}$$

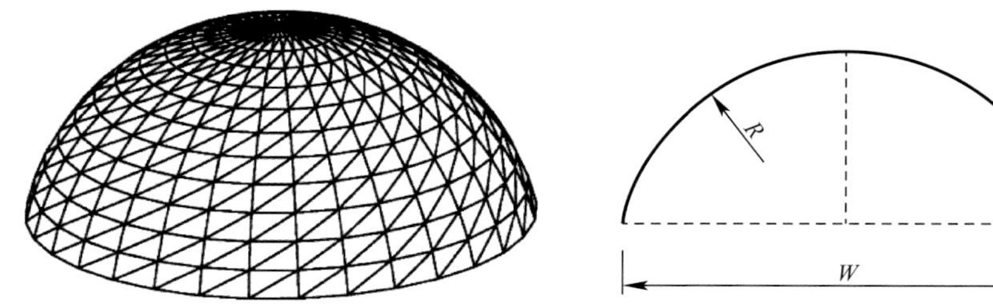

图 4.1.1　圆球形气承式膜结构

（2）圆柱面形

对于圆柱面形气承式膜结构，如图 4.1.2 所示，其形状系数：$C=1$，即圆柱面形气承式膜结构的主跨向膜面应力可表达为：

$$\sigma = PR \tag{4.1.5}$$

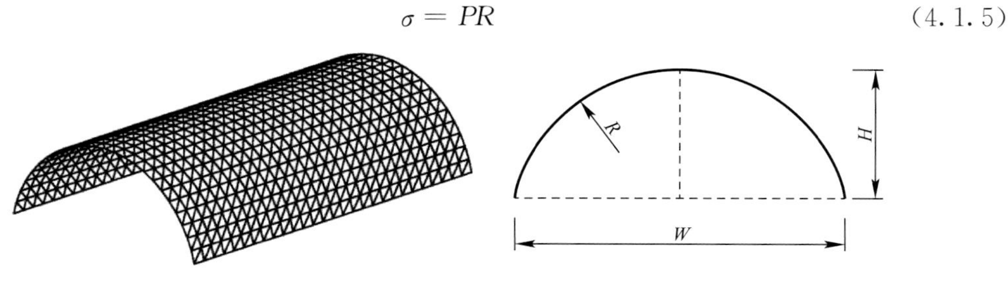

图 4.1.2　圆柱面形气承式膜结构

(3) 椭球面形(或抛物面形)

对于椭球面(或抛物面)形气承式膜结构,如图 4.1.3 所示,膜面为非等张力,其经向和纬向应力分别为:

$$\sigma_{\theta} = \frac{PR}{2} \tag{4.1.6}$$

$$\sigma_{\varphi} = PR\left[1.0 - \frac{(R/H)^2}{2}\right] \tag{4.1.7}$$

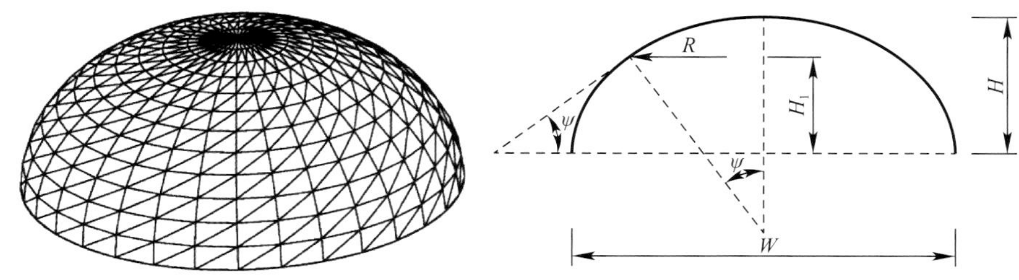

图 4.1.3 椭球面(或抛物面)形气承式膜结构

2. 气枕式膜结构

气枕式膜结构一般指采用 ETFE 薄膜设计而成的膜结构。由于 ETFE 薄膜厚度 100～250μm,屈服强度 22.5N/mm²,仅适宜小跨,多用作大跨空间网格结构维护体系,气枕边界可为三边形至多边形,常见矩形、菱形和六边形,一般共面,在不共面时边界点高差应小于 10%,且能保证膜面正高斯曲面。气枕矢高 1/8～1/12。针对 ETFE 气枕净跨大于 6m 时,可增加劲索提升承载力。

3. 气肋式膜结构

气肋式膜结构一般采用充气圆管构成拱、柱和梁,进而作为主要支承体系构成复杂充气框架和网格结构,气肋一般可布置为圆柱形、球形、椭球形体系,并与覆盖膜结合使用,矢跨比为 1/3～2/3。气肋式膜结构一般采用 P 类膜材,其材料具有较好的强度、柔韧性、工艺与性价比。针对军用帐篷或展览馆等,可采用内胆密封外囊承载的气肋式膜结构。

空气整体张拉膜(Tensarity, Tension＋Air＋Integraty)可被定义为一种特殊气梁(肋),包含充气梁、紧密连接的受压侧薄板和受拉侧张拉索,空气梁对受压薄板起弹性支撑稳定和对张拉索起形态稳定作用,三类结构部件形成一个高效拉压自平衡体系(图 4.1.4)。空气整体张拉膜由瑞士的 R. H. Luchsinger 博士 2001 年提出,通过理论研究和工程技术实践,已应用于中大跨(>30m)建筑屋盖、桥梁以及航空航天等领域。空气整体张拉膜可以构成各类框梁、拱、球或柱面网格体系,适应复杂建筑体型。

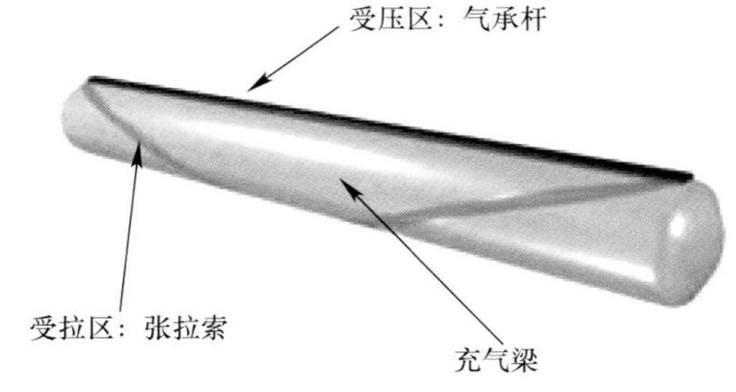

图 4.1.4 空气整体张拉膜

4. 气囊式膜结构

气囊式膜结构是指通过双层膜面构成封闭充气空间,由充气支承膜面,形成覆盖大跨空间,并承受外载与作用的充气膜结构。

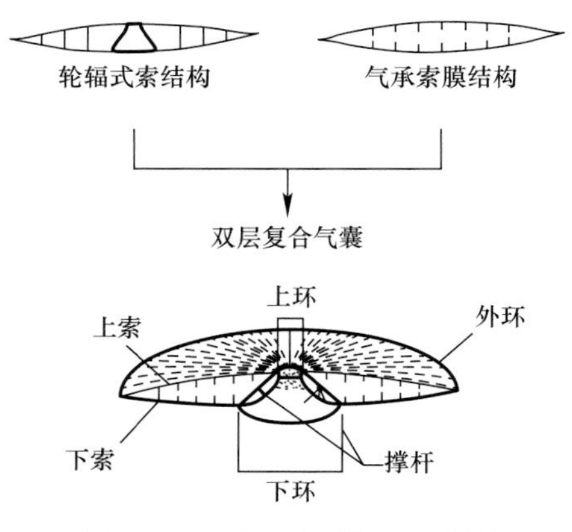

图 4.1.5　熊本穹顶气囊膜结构

图 1.1.4 为典型的大跨度气囊式膜结构。日本 Park Dome Kumamoto（熊本穹顶）直径 107m 气囊式膜结构，如图 4.1.5，包括上下双层膜＋上下双层索网，从而维持低矢高形态，较高气压（1.0kPa），实现大跨。

气囊式膜结构平面一般为圆形、椭圆形，也可为矩形、多边形，可通过上下双层加劲索网格实现低矢高约 1/(10～12)。气囊式膜结构常采用 P 类膜或 G 类膜材。在航空航天领域，为实现特定功能的低阻形态，如流线型低阻飞艇囊体、空气充气舱等，其多采用更高比强囊体材料。

4.2　索网设计

4.2.1　索网功能

充气膜结构必须能够抵抗风、雪荷载的作用，为了保证充气膜结构安全可靠，在结构设计时要选用一定强度的膜材。随着建筑尺寸的增加，设计时选用的膜材强度等级要求也越高。

为了提高工程效益，从结构主体上可以采取适当的措施来降低膜面应力，从上一节的充气膜基本的应力公式（4.1.2）$\sigma=PRC$ 可以看出，适当的构造措施可减小结构膜面的曲率半径，则可以减少膜面的应力。膜面附加索网就是减小充气膜结构膜面应力的一种合理方式。

图 4.2.1 和图 4.2.2 为膜面附加索网两种常用方式，使膜面被不同形式索网（纵横向或网状索网）束缚，从而在内压力作用下膜面呈长条形状鼓起或穴状鼓起，以此减小膜面的曲率半径，降低该处膜面的应力值。然而整体结构承受的荷载和传递给基础的反力并没有因为这种膜面形状的改变而降低，只是由这些膜面上附加的索网转移了一部分本应由膜面承受的荷载，从而降低了膜面总体的积累应力。

图 4.2.1　膜面长条形鼓起

图 4.2.2　膜面局部穴形鼓起

对充气膜膜面进行加强，转移和降低膜面的应力是选用索网最主要的原因，据此可以有效降低膜面应力，对膜材强度要求也可降低，从而进一步降低工程的造价。但抛开成本的因素，也可能因为建筑造型、从构造上改变结构的稳定性等其他因素来选用索网。

4.2.2 索网形状

1. 纵横向形状索网

纵横向索网由一定间距的纵向和横向索网交叉附加在膜面上组成。当结构的尺寸相对较小时，也可以简化为单方向（纵向或横向）平行组成。纵横向形状索网施工便捷，能有效合理地把膜面上受力较大区域的应力通过索网传递给锚固系统。

纵横向索网由于索网间的相互交叉点相对较少，通常在膜面上一定的间距内加焊钢索固定点，确保钢索的位置在设计的范围内。

图 4.2.3 为呼和浩特市的一个充气膜游泳馆工程（建筑尺寸：宽 45m，长 85m），采用了单横向形式的索网。

图 4.2.4 为位于北京四季青的一个充气膜卡丁车馆工程（建筑尺寸：宽 65m，长 110m），采用了纵横向索网。

图 4.2.3　横向索网

图 4.2.4　纵横向索网

2. 斜向交叉索网

斜向交叉索网能有效地分摊膜面承受的荷载，并将其均匀地分摊给锚固系统，从而减小膜材的应力，并保证气承式膜结构具有良好的稳定性。

斜向交叉索网又可分为正交布置的斜向交叉索网和测地线布置的斜向交叉索网。

图 4.2.5 为位于山西的一座充气膜煤仓封闭工程，建筑面积 22000m^2（长 200m，宽 110m），采用了正交布置的斜向交叉索网。正交斜向索网中索与索基本上都是正交交叉，网格尺寸均匀，建筑外形美观。

图 4.2.6 为山东泰安一座娱乐水世界的充气膜馆工程，采用了测地线斜向索网，因为索网中每一根钢索都是基于测地线的位置进行布置，传力路线更为明确。测地线布置的斜向索网网格尺寸大小不均，且部分索与索之间的夹角有差异。

3. 圆形放射状索网

当充气膜结构的形状为截球形、建筑平面为圆形时，一般选用放射状布置的索网。图 4.2.7 为位于内蒙古响沙湾景区的沙漠艺术中心气承式膜结构工程，建筑面积 7850m^2

（底部直径100m），采用的就是放射状布置的索网。

图4.2.5 正交斜向索网

图4.2.6 测地线斜向索网

4. 其他形状的索网

此外，还有一些其他的索网形式，如图4.2.8、图4.2.9、图4.2.10所示。

图4.2.7 放射状索网

图4.2.8 纵横向交叉索网

图4.2.9 圆形单方向索网

图4.2.10 犰狳状索网

索网的选用并不限于以上所列出的形状。设计人员也可根据工程特点进行合理的设计，但要确保采用的索网形状美观、间距合理，并能有效地转移降低膜面的应力、避免引起过度的应力集中。

4.2.3 常用索网的特点及适用范围

常用索网的特点及适用范围见表4.2.1。

常用索网的特点及适用范围 表 4.2.1

名称	特点	缺点	适用范围
单横向索网	单方向布置，施工便捷。外形简捷	两端处位置易跑偏，只转移部分膜面应力	跨度尺寸较小
纵横向索网	纵横向布置，施工便捷。外形简捷	钢索直径可能会较大，部分膜面应力无法转移	跨度尺寸较大
斜向正交索网	网格正交布置，能均匀地转移膜面应力，结构稳定性好，网格尺寸均匀，外形美观	钢索加工、安装较复杂	各个跨度尺寸均可
斜向测地线索网	网格测地线布置，能有效地转移膜面应力，结构稳定性好	钢索加工、安装较复杂，网格尺寸有差异，钢索角度有差异	各个跨度尺寸均可
圆形放射状索网	外观美观，能有效地降低膜面应力	钢索直径可能较大，适用范围小	圆形气承式膜结构
犰狳状索网	外观美观，能有效地降低膜面应力	钢索直径可能会较大，部分膜面应力无法转移	跨度尺寸较大
其他形状	应外观美观、间距合理	应尽量方便施工	根据设计要求定

注：以上表格中所列索网的特点与适用范围仅适用于因为降低和转移膜面应力所选用的索网形状。

4.2.4 索网设计的技术要求

1. 拉索的选择

索网中最主要的材料就是钢索，目前国内充气膜结构工程中采用的钢索大多数都是钢丝绳索体，应满足国家标准《钢丝绳通用技术条件》GB/T 20118、《重要用途钢丝绳》GB/T 8918 的技术要求。钢丝绳宜采用无油镀锌钢芯钢丝绳。

2. 网格的间距

合理的网格间距对转移膜面的应力有着非常重要的作用。间距太小时会增加现场施工的难度，间距太大又很难起到索网降低膜面应力的作用。设计中通常选取的间距在 2～6m。

3. 拉索的计算参数

气承式膜结构索网中拉索的拉力需要通过考虑索膜结构的协同工作，进行非线性有限元分析计算确定。

拉索的抗拉力设计值应满足《膜结构技术规程》CECS 158 的规定，按下式计算：

$$F = \frac{F_{tk}}{\gamma_R} \tag{4.2.1}$$

式中 F——拉索的抗拉力设计值（kN）；

F_{tk}——拉索的极限抗拉力标准值（kN）；

γ_R——拉索的抗力分项系数，取 2.0。

钢丝绳的弹性模量不应小于 1.20×10^5 N/mm^2。

4.3　内压设计

内压是充气膜结构独有的设计参数，也是结构形成刚度维持稳定的核心因素。同时，作为一种长期荷载保持结构在外荷载作用下具有的合理刚度，调整结构形态，以免产生过大变形、膜材失效褶皱等状况。结构的内压随不同气候条件进行调整，因此充气膜结构的充气设备操作人员应根据结构的受荷情况来改变工作内压，以保证建筑物和居住者的安全。结构正常工作时只需要维持较低的内压就足够了，当暴风雨、大雪等特殊情况下需要根据情况进行调节内压以保证结构的稳定，这样不仅运行费用较低，而且可以延长膜材的使用寿命。

充气膜结构的内压设计应考虑以下四种状态：

（1）设计最大内压：指充气系统能向建筑内提供的最大充气气压，并保证充气设备能够输出的气压值，其大小决定了电机最大功率、风扇最大流量和膜材相应承受的应力大小。

（2）最大工作内压：指当结构处于不利的外界环境时，如由于积水（雪）造成膜的凹陷，由设计确定的可以使用的最大内压。确定最大工作内压应考虑材料的设计强度、外界荷载类型等多种影响因素。

（3）最小工作内压：指在正常气候和使用条件下，保持结构稳定所需的最小压力值。最小工作内压是根据单位面积恒荷载最大值确定的，即最小工作内压应大于平均恒荷载最大值。

（4）正常工作内压：由结构设计确定的一个压力范围。在正常工作内压下，结构在常遇荷载作用下能够保持稳定的形状。正常工作压力应根据使用情况和进出情况，在最小工作内压至最大工作内压之间变化。

不同的充气膜结构对内压设计要求不同，下面针对气承式、气枕式、气肋式和气囊式膜结构分别介绍。

1. 气承式膜结构

在气承式膜结构中，内压既应看作是荷载抵抗系统的一部分，同时也应看作是作用在结构上的一种荷载。气承式膜结构内压设计包括：最小内压、最大内压、正常内压、残余内压。在内压设计时，其大小应满足在各种荷载工况作用下结构的强度和稳定性。在大多数情况下，当恒荷载被分散到一定的附属区域时，最小工作压力应超过单位面积上的恒荷载最大值。较理想的附属区域应是一个四边形膜面方格，其边长与索的间距相等。在临时条件下，如在车辆进出时，操作人员可以将压力进一步降低。但在任何情况下，压力都不应低于任何大块屋盖上的恒荷载。

正常工作压力根据使用情况和进出情况，在最小工作压力至最大工作压力之间变化。在公共聚会场所，为了保证舒适，减小风速和减小作用在门上的压力，工作内压不超过 $300N/m^2$，对于主要用于贮存的场所，当车辆进出时，工作压力值可以取大一些，避免引起结构的不稳定。

最大工作压力的确定需考虑到多个因素，包括结构强度及分析时考虑的外界荷载类型。内部设计压力是用来限制变形、振动、褶皱以及设计荷载作用下膜表面的凹陷。

针对储气柜等特殊气承式膜结构，其正常内压设计值较高，达 3～5kPa，德国 2016 年制定了关于储气柜系统的设计使用规程（DWA-M377）。

针对大矢高气承式膜结构，如雷达罩等，其正常内压设计值一般大于普通气承式膜结构，可通过变形分析确定。

气承式膜结构内压设计可依据《膜结构技术规程》CECS 158 的相关规定，按承载能力极限状态设计时，荷载的基本组合应包括荷载的第一类和第二类组合，具体组合见表 4.3.1。

荷载效应的组合 **表 4.3.1**

组合类别	参与组合的荷载
第一类组合	G，Q，p
第二类组合	G，W，p
	G，W，Q，p
	其他作用（与 G，W 等组合）

注：表中 G 为恒荷载，W 为风荷载，Q 为活荷载与雪荷载中的较大者，p 为气承式膜结构的内压值。

针对风荷载宜考虑两种工况，假设内压恒定和恒气体质量，恒气体质量指气承膜内部空气质量在风荷载作用下、结构变形过程中保持不变，即无气体交换，没有充气也没有泄气，此时符合气体状态方程，内压随体积变化而变化。目前《建筑结构荷载规范》GB 50009 规定为结构响应组合，气承膜结构非线性分析，采用荷载组合分析，因此，其设计参数定义及数理力学意义有所区别。同样的问题存在于其他规程及其他形式气承膜结构的设计分析。

2. 气枕式膜结构

气枕式膜结构内压设计与气承式膜结构内压设计基本一致，但其受季节影响较小，须考虑最大风荷载、雪荷载，确定最大设计内压。内压一般大于 100Pa、小于 1000Pa，由鼓风机充气。针对短期瞬态荷载，尤其是风荷载，风作用于气枕，气枕产生变形，并导致气枕内部容积变化，由于供气系统无法实时响应并进行充放气，实现压力稳定控制，则内部气体压力变化，并可假设符合气体状态方程。因此，短期瞬态荷载作用分析应考虑内压耦合的迭代非线性分析。相反，针对持续长期荷载，供气系统可以根据控制实现稳定（恒定）压力，从而考虑恒压力与荷载组合的内压设计分析。气枕膜结构一般为多气枕分组构成一个供气单元和压力控制系统。

气枕内压设计可采用简化方法。风荷载设计值一般大于内压 2 倍以上，风吸作用（W_s）在气枕上层膜外侧，上层膜向外拉伸，内压（p_i）降为零，则仅上层膜承受风吸，下层膜松弛，如图 4.3.1 所示。风压作用在气枕外侧向内压，至内压与外压平衡，当上层膜初张拉应力被外压完全抵消，则内压等于外压，外压仅由下层膜承受，上层膜松弛，如图 4.3.2 所示。雪压增加或减少是一个较缓慢过程，气枕供气系统可以通过充放气实现设计内压稳定，因此，设计内压略大于雪压，如图 4.3.3 所示。一般可取内压 $p_i=1.1S_{max}$ 或 $p_i=S_{max}+100$Pa，以及 $p_i>S_a$（均值）、$p_i<S_{max}$，S_{max} 为最大雪荷载。当气枕较大，且受非均匀荷载时，宜采用内压耦合的非线性进行分析，或根据荷载分区简化

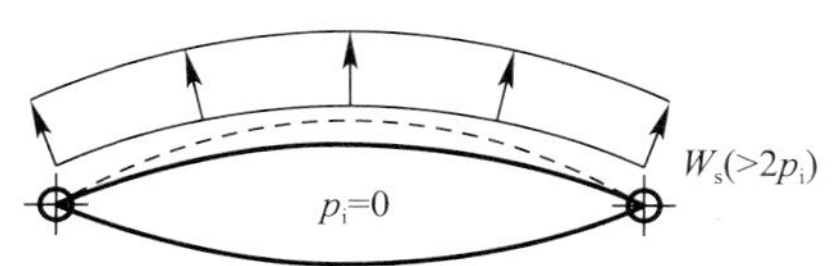

图 4.3.1 双层气枕承受风吸

为多气室分室简化设计分析。

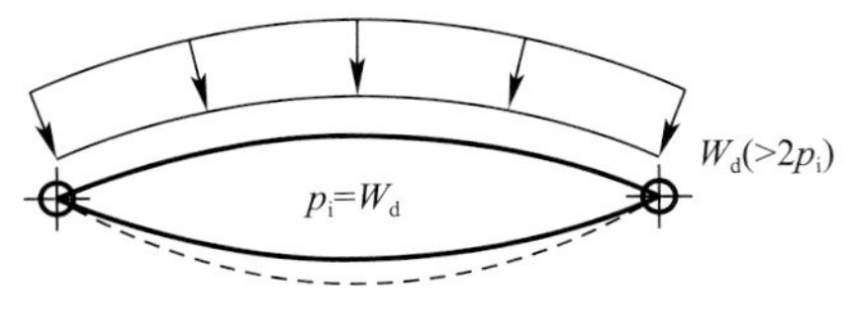

图 4.3.2　双层气枕承受风压

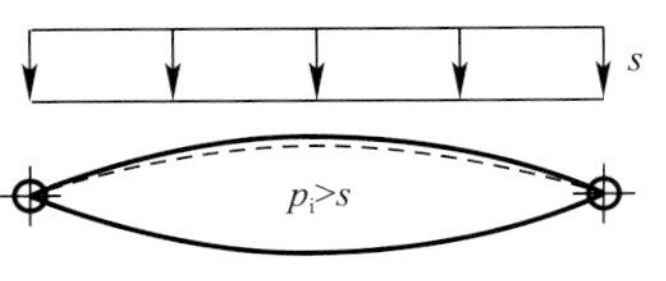

图 4.3.3　双层气枕承受雪压

3. 气肋式膜结构

气肋（气梁）式膜结构内压设计由整体刚度、气肋刚度和材料强度决定，一般较高，可达 5～20kPa，由气泵充气。气肋有独立压力控制系统，但其控制模式较大跨气承膜结构简单，可按逻辑控制（PLC）。气梁一般不符合经典 Navier-Bernoulli 假设，气梁薄壁，对剪切变形、刚度参数敏感，一般考虑 Timoshenko 模型，并考虑几何非线性及内压效应（follower forces），基于荷载极限效应（褶皱）等设计内压。

4. 气囊式膜结构

气囊式膜结构可参考气承式膜结构内压设计，考虑恒荷载、雪荷载、风荷载等因素，进行合理的内压设计。

4.4　荷载及荷载组合

气承式膜结构设计时应考虑永久荷载、活荷载、内压、风荷载、雪荷载等荷载作用。对膜结构活荷载标准值可取 0.3kN/m^2，其他荷载标准值应按现行国家标准《建筑结构荷载规范》GB 50009 的规定采用。

1. 永久荷载

气承式结构设计应考虑的永久荷载包括：（1）膜自重；（2）加强件及连接体系的重量；（3）固定设备重量，如由膜或加强体系承受的灯、扬声器、管道、内衬、保温层等物体。由膜及加强件构成的永久荷载只占总荷载的很小部分，但其大小对结构坍塌时间有影响。

2. 内压

在充气膜结构中，内压使结构产生初应力从而形成一定的刚度来抵抗外荷载作用，因此内压是结构必不可缺少的组成部分。内压既应看作是荷载抵抗系统的一部分，同时也应看作是作用在结构上的一种荷载。

3. 风荷载

风荷载体型系数可参考国家标准《建筑结构荷载规范》GB 50009 或本指南表 4.4.1、表 4.4.2 确定。对于形状复杂或重要的建筑物，应通过风洞试验来确定风载体型系数；在计算风荷载引起的索、膜部分的内力和位移时应考虑其动力效应。对于形状较为简单的一般性膜结构，可采用风振系数的方法考虑结构的风致动力效应，对于气承式和气肋式膜结构风振系数取 1.2～1.6，气枕式膜结构可参考规范中阵风系数取值。对于跨度较大的、风荷载影响较大的或重要的膜结构，应通过动力分析或气弹模型风洞试验来确定风荷载的动力效应。

我国规范对常见气承式膜结构风荷载体型系数的规定 **表 4.4.1**

项次	类别	体型及体型系数 μ_s
1	封闭式落地拱形屋面	−0.8；−0.5；μ_s；f；l f/l = 0.1，μ_s = +0.1；f/l = 0.2，μ_s = +0.2；f/l = 0.5，μ_s = +0.6 中间值按线性插值法计算
2	封闭式拱形屋面	−0.8；−0.5；μ_s；f；+0.8；−0.5；l f/l = 0.1，μ_s = −0.8；f/l = 0.2，μ_s = 0.0；f/l = 0.5，μ_s = +0.6 1. 中间值按线性插值法计算； 2. μ_s 的绝对值不小于 0.1
3	旋转壳顶	(a) $f/l>\frac{1}{4}$　(b) $f/l\leqslant\frac{1}{4}$ ϕ；ψ；f；l $\mu_s=-\cos^2\phi$ $\mu_s=0.5\sin^2\phi\sin\psi-\cos^2\phi$ 式中：ψ 为平面角，ϕ 为仰角
4	封闭式正多边形平面屋面	正方形：−0.7，+0.8，−0.5，−0.7 六边形：0，−0.5，+0.8，−0.5，0，−0.5 八边形：−0.7，+0.4，−0.5，+0.8，−0.5，+0.4，−0.5，−0.7

当有风荷载时，通常需增加内部压力，以增大屋盖结构的刚度。对于一定的风速，其增加值是一定的。对于大多数气承式膜结构，其表面大部分承受负风压，故在荷载组合时，风压加上最大工作压力不应超过结构的有效抗力。

国外规范对常见气承式膜结构风荷载体型系数的规定　　表 4.4.2

项次	类别	体型及体型系数 μ_s
1	圆筒形或球形	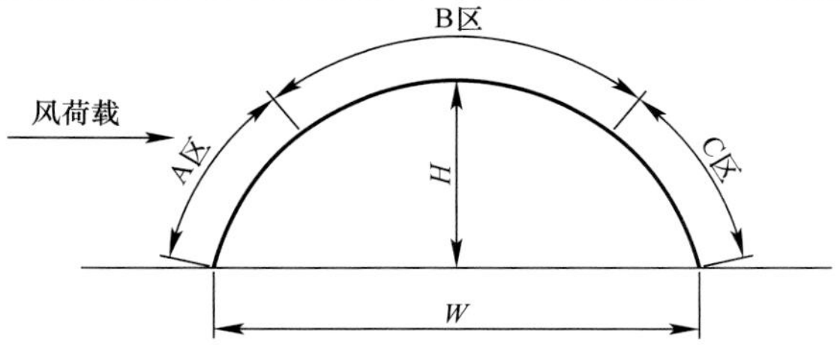 B区 风荷载 A区 H C区 W （A 区）$C_p=1.4H/W$ （B 区）$C_p=-(H/W+0.7)$（ASI-77） $C_p=-[0.56+1.54(H/W)]$（S367-09） （C 区）$C_p=-0.5$

4. 雪荷载

雪荷载分布系数可按国家标准《建筑结构荷载规范》GB 50009 或表 4.4.3 确定。应考虑雪荷载不均匀分布产生的不利影响。

对于消除雪荷载作用，可以通过增压法、融雪法、移除法或综合使用上述方法来处理。

增压法是通过增大内部气压来支承雪荷载。在雪荷载作用下，应增加工作内压。雪荷载作用效果与工作内压相反，将减小结构中部分区域的应力。因此内压可以直接用来承担雪荷载，用增加内压来平衡雪压。

融雪法是用热量来除雪。热量可用管道直接送到某些具体位置，也可在整个内部空间加热。结构内部所需的总热量必须考虑到融雪的表面积，膜其他部分的传导和对流引起的热损失，以及结构气体泄漏所造成的热损失。使用融雪设备来除雪时应考虑可能的雪荷载堆积和不均匀分布情况。

移除法包括喷水、振动结构、利用绳索滑过结构表面以及铲除等方法。当不允许有人站在膜表面上除雪时，移除法是首选方法。联合法是将一部分雪荷载通过融雪法或移除法除去，余下的雪荷载由内压来承担；在这种情况下，进行荷载组合时雪荷载的取值可适当降低。

气承式膜结构的雪荷载分布系数　　表 4.4.3

项次	类别	雪荷载分布系数 μ_r
1	拱形屋面（《建筑结构荷载规范》GB 50009）	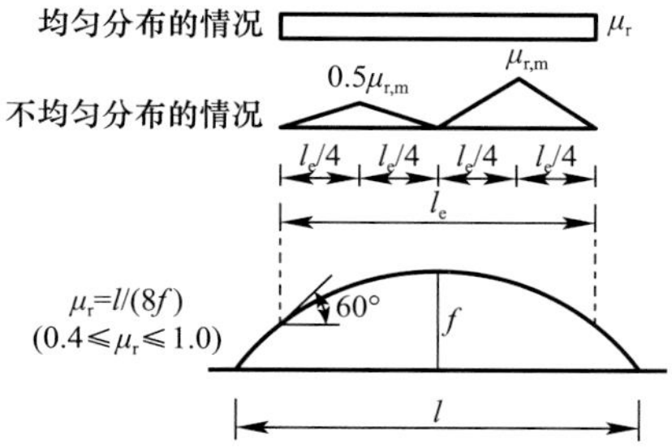 均匀分布的情况　μ_r 不均匀分布的情况　$0.5\mu_{r,m}$　$\mu_{r,m}$ $l_e/4$　$l_e/4$　$l_e/4$　$l_e/4$ l_e $\mu_r=l/(8f)$ $(0.4\leqslant\mu_r\leqslant1.0)$ 60°　f l $\mu_{r,m}=0.2+10f/l(\mu_{r,m}\leqslant2.0)$

5. 其他荷载

可不考虑温度作用、地震作用及地基不均匀沉降等对充气膜结构的影响。

6. 荷载组合

根据《膜结构技术规程》CECS 158，按承载能力极限状态设计膜结构时，荷载的基本组合应包括荷载的第一类和第二类组合，具体组合见表 4.4.4。

荷载效应的组合　　**表 4.4.4**

组合类别	参与组合的荷载
第一类组合	G，Q，$P(p)$
第二类组合	G，W，$P(p)$
	G，W，Q，$P(p)$
	其他作用（与 G，W 等组合）

注：1. 表中 G 为恒荷载，W 为风荷载，Q 为活荷载与雪荷载中的较大者，P 为初始预张力，p 为气承式膜结构的内压值。
2. 荷载分项系数和荷载组合值系数的取值，应符合《建筑结构荷载规范》GB 50009 的规定；$P(p)$ 的荷载分项系数和荷载组合系数可取 1.0。
3. “其他作用”是指根据工程具体情况，考虑施工荷载等组合。

4.5　荷载效应分析

4.5.1　荷载效应分析的特点

气承式膜结构与张拉膜结构荷载分析类似之处在于需要考虑几何非线性、索松弛和膜皱褶的影响。气承式膜结构与张拉膜结构荷载分析最大的区别之处在于气承式膜结构内压的存在，内压是使充气膜膨胀形成曲面维持结构稳定的关键因素，同时在荷载效应分析过程中也被看作是荷载，并且是作为长期存在的荷载。气承式膜结构在风荷载等瞬时荷载作用下会使结构产生变形，变形势必造成整个气承式膜结构体积的变化，如果气压设备没有或来不及调整运转的情况下，体积的变化将引起内压的变化，这一系列的连锁反应是在荷载分析中必须考虑的因素。气承式膜结构在雪荷载等逐渐累加的荷载作用下，由于气压设备具有气压自动调整功能，荷载在短时间使气承式膜结构的形状变化很小，气压设备基本上能够使充气膜内部保持在设计内压，此时可不考虑荷载作用下充气膜体积变化引起的内压变化。由于气承式膜结构膜内气压力作用方向始终垂直于膜面（沿膜面法向），风荷载等作用下气承式膜结构变形后，内部气压的合力大小和方向均产生一定的变化，荷载效应分析中也必须考虑这一因素。对于充气膜飞艇等悬浮结构，以及内部充其他气体（如氦气）的气承式膜结构还需要考虑内部气压沿高度变化而变化的影响。对于可移动式气承式膜结构，在荷载作用下气承式膜结构的边界支承条件也可能发生变化，如放置于地面的充气拱，在荷载作用下需要考虑与地面的接触问题。

4.5.2　内压的模拟

如前所述，理论上密闭空间的内部压力与体积成反比关系，即 $p \cdot V=$常数。气承式膜结构的工作气压与两方面因素有关，一方面是充气系统的送风，另一方面是换气系统、门以及一些连接部位的出风。正常使用情况下是一个动态的平衡状态，工作气压基本保持恒定。在第一类荷载效应组合下，由于气承式膜结构的变形是缓慢的，体积也是缓慢变化的，可以认为工作气压恒定，所以可按内压不变进行非线性分析。但是在第二类荷载效应组合下，由于风荷载参与，膜结构的变形是瞬时的，体积变化也是瞬时的，充气系统来不及调整送风量以达到工作气压的动态平衡，因此气枕式和气肋式膜结构应按内压变化进行非线性分析。而气承式膜结构由于密闭空间体积较大，且内压高低对结构安全可能有利也可能不利，所以应按内压不变和内压变化两种工况进行非线性分析。

第二类荷载效应组合作用时，气承式膜结构将发生大位移变形并导致体积变化，内气压同时随着体积的变化而变化，并使平衡方程发生变化。作为一个非线性过程，内压和体积互相影响。有限元计算中可以假定近似的方法，因为充气膜的荷载分析是几何非线性分析，求解非线性方程时，通常采用分步增量法，即将外荷载分成 K 步，逐步加上。在每一步，求得外荷载作用下体积的变化，由变化后的体积求得新内压，将新内气压代入平衡方程，进行下一步迭代。气压值的改变按经典的气体状态方程计算，并且假设其温度不变：

$$P_1V_1 = P_2V_2 \tag{4.5.1}$$

计算充气膜体积采用离散求和的方法：充气膜上形成的三角形膜单元统一向某一高度 Z_0 平行于 XOY 的平面投影，则充气膜的体积为：

$$V = \iint (Z(x,y) - Z_0)\mathrm{d}x\mathrm{d}y \tag{4.5.2}$$

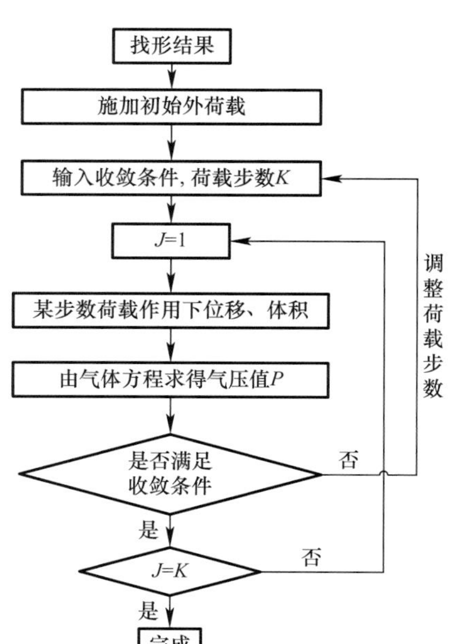

图 4.5.1　充气膜结构内压模拟流程图

在每一个荷载步都必须判断气压和体积的变化是否满足收敛条件，如果不满足，就相应地加大荷载步，来减小误差。充气膜内压模拟流程如图 4.5.1 所示。

总之，气承式膜结构在第一类荷载效应组合下，可按内压不变进行非线性分析；在第二类荷载效应组合下，气承式膜结构应按内压不变和内压变化两种工况进行非线性分析。

气枕式和气肋式膜结构应按内压变化进行非线性分析。

4.5.3　气承式膜结构的强度与刚度

1. 气承式膜结构的强度

根据《膜结构技术规程》CECS 158 规定，在各种荷载组合作用下，膜面各点的最大主应力应满足下列要求：

$$\sigma_{\max} \leqslant f \tag{4.5.3}$$

$$f = \zeta \frac{f_{\mathrm{k}}}{\gamma_{\mathrm{R}}} \tag{4.5.4}$$

式中 $\sigma_{\max}$——在各种荷载组合作用下的最大主应力值；

f——对应于最大主应力方向的膜材抗拉强度设计值；

f_{k}——膜材抗拉强度标准值，对于G类、P类膜材，取极限抗拉强度标准值；对于E类膜材，取第二屈服强度标准值；

ζ——强度折减系数，对于G类、P类膜材，一般部位取 $\zeta=1.0$，节点和边缘部位取 $\zeta=0.75$；对于E类膜材，取 $\zeta=1.0$；

γ_{R}——膜材抗力分项系数，对于G类、P类膜材，第一类荷载效应组合时，$\gamma_{\mathrm{R}}=5.0$；第二类荷载效应组合时，$\gamma_{\mathrm{R}}=2.5$；对于E类膜材，第一类荷载效应组合时，气枕式 $\gamma_{\mathrm{R}}=1.4$；第二类荷载效应组合时，$\gamma_{\mathrm{R}}=1.2$。

《膜结构技术规程》CECS 158还规定在第一类荷载效应组合下，膜面不得出现松弛和索均应处于受拉状态。膜面的最小主应力应满足下列要求：

$$\sigma_{\min} > \sigma_{\mathrm{p}} \tag{4.5.5}$$

式中 $\sigma_{\min}$——在各种荷载效应组合下的最小主应力值；

σ_{p}——维持膜结构曲面形状所需的最小应力值，可取初始预张力值的25%。

在第二类荷载效应组合下，膜面由于松弛而引起的褶皱面积不得大于膜面面积的10%，若索退出工作不应导致结构失效。

然而通过对大量气承式膜结构及气肋式膜结构实际工程进行受力分析，发现在第一类荷载效应组合作用下，往往出现膜面单向皱褶的现象，即不满足式（4.5.5）的要求。为便于理解，现以气承式膜结构在雪荷载作用下受力情况为例说明。

气承式膜结构在无雪荷载作用时，设计内压产生的等效荷载均由气承式膜结构的膜面和加强索承担，随着雪荷载的增加，设计内压产生的等效荷载一部分用于平衡雪荷载，剩余部分由气承式膜结构的膜面和加强索承担。由此可见，气承式膜结构膜面和加强索承受的荷载随着雪荷载的增加面减少，对于局部膜面很容易出现单向皱褶的情况。鉴于此，可以修正式（4.5.5）为：

$$\sigma_{\max} > \sigma_{\mathrm{p}} \tag{4.5.6}$$

总之，在第一类荷载效应组合下，气承式膜结构膜面不得出现双向皱褶即松弛现象，局部区域可出现单向皱褶现象。单向皱褶的区域膜面的最大主应力应满足式（4.5.6）的要求，并且单向皱褶的区域总面积不得大于膜面面积的10%，若索退出工作不应导致结构失效。对于在第二类荷载效应组合下，气承式膜结构膜面由于双向皱褶而退出工作的面积不得大于膜面面积的10%，若索退出工作不应导致结构失效。

2. 气承式膜结构的变形

气承式膜结构的变形与工作气压相关，由于国内外尚无关于其变形限值的规定。《膜结构技术规程》CECS 158参考相关工程经验，建议气承式膜结构在使用荷载和对应工作气压下的变形应满足如下条件：（1）结构最大变形不大于未变形状态膜、索与内外物体间净距的 0.5 倍；(2) 不会因大变形导致膜面积水或积雪；(3) 不会因较大的变形和振动导致内部人员的不舒适感。按正常使用极限状态设计时，膜结构的变形不得超过规定的限值。

与其他刚性结构通过构件自身应变引起内力的变化承受或传递荷载不同，充气膜结构尤其是气承式膜结构主要通过膜面的形状改变来承受或传递外荷载，因此在满足《膜结构技术规程》CECS 158 上述规定外，气承式膜结构的水平最大位移不宜大于其高度的 1/10；竖向最大位移不宜大于其跨度的 1/30。

3. 气承式膜结构分析实例

某气承式膜结构长 115m、宽 70m 和高 29m，采用沿测地线布置的交叉索网加强，索网平均间距约 2m，采用 $\phi14$ 钢索，建成后的照片如图 4.5.2 所示。该工程雪荷载标准值取 0.3kN/m^2，基本风压取 0.5kN/m^2，风振系数取 1.2，地面粗糙度类别 B 类，体型系数参考《建筑结构荷载规范》GB 50009 选取。设计内压分别取 0.35kPa、0.4kPa 和 0.45kPa 进行计算，并且分别对有无加强索进行了分析计算。对于雪荷载参与组合时，考虑内压不变进行分析；对于风荷载参与组合时，分别考虑内压变化及内压不变两种情况进行分析。建立模型时 X 轴沿 115m 长度方向、Y 轴沿 70m 宽度方向、Z 轴竖直向上。膜材膜面经向、纬向抗拉极限强度分别为 160kN/m 和 140kN/m。根据拉伸试验确定的经向弹性模量、纬向弹性模量分别取 673kN/m 和 735kN/m，泊松比分别取 0.32 和 0.293，剪切模量取弹性模量的 1/20，取为 36.75kN/m。

图 4.5.2　某气承式工程图片

(1) 恒载+雪载作用下的变形分析

该工程在恒载+雪载标准值组合作用下的最大变形如表 4.5.1 所示，部分变形云图如图 4.5.3 所示。由表 4.5.1 可以看出，随着气承式膜结构设计内压的增加，在恒载和雪载组合作用下结构的最大变形逐渐减少，当设计内压为 0.45kPa 时，无加强索时结构的最大变形达到 4063mm，有加强索时结构的最大变形也达到 2802mm，比没有加强索时减少了约 31%。这主要是由于加强索的存在，限制了膜面向外变形，从而减少了最大竖向变形。从图 4.5.3 可以看出，不同计算模型的结构变形图的形状基本一致，只是最大变形存在差别。

在恒载+雪载标准值组合作用下的最大变形值（mm）　　表 4.5.1

分析模型	设计内压（kPa）	X 向变形	Y 向变形	Z 向变形	合成变形	编号
无加强索	0.35	1809	−2856	−7088	7088	WS350
	0.4	1510	−2261	−4961	4961	WS400
	0.45	1280	−1918	−4063	4063	WS450
有加强索	0.35	1411	−2602	−6017	6017	YS350
	0.4	1066	−2006	−3442	3442	YS400
	0.45	811	−1607	−2802	2802	YS450

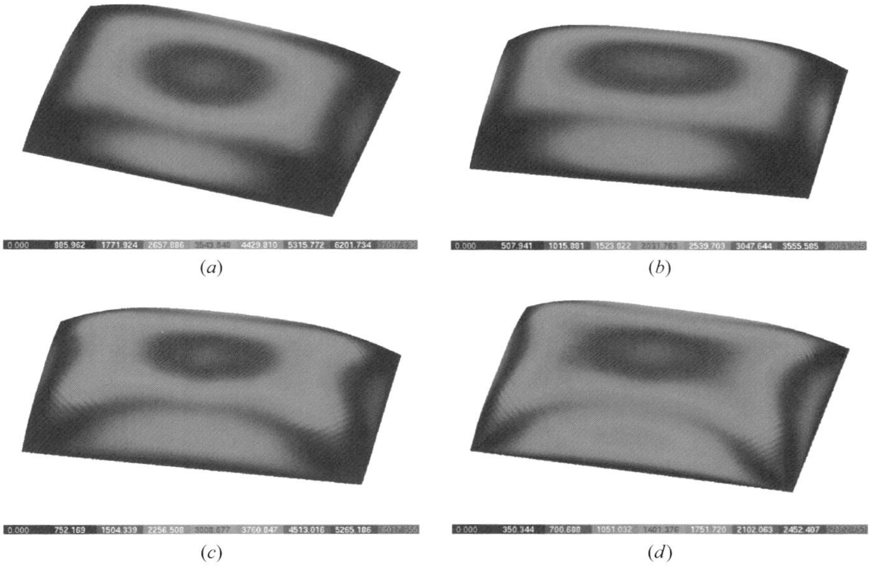

(*a*)

(*b*)

(*c*)

(*d*)

图 4.5.3　在恒载+雪载标准值组合作用下结构的最大变形云图（mm）
(*a*) WS350；(*b*) WS450；(*c*) YS350；(*d*) YS450

（2）恒载+雪载作用下的强度分析

该工程在 1.2 恒载+1.4 雪载设计值组合作用下的最大膜面应力和索轴力如表 4.5.2 所示，由于当设计内压为 0.35kPa 和 0.4kPa 时，设计内压值小于雪荷载设计值（1.4×0.3=0.42kPa)，计算时大面积膜面皱褶，计算结果发散，因此仅给出内压为 0.45kPa 时膜面应力云图。当设计内压为 0.45kPa 时，无加强索时膜面最大主应力达到 14.882kN/m，有加强索时最大主应力降到 6.61kN/m，比没有加强索时减少了约 53.6%。这主要是加强索的刚度较膜面大，从而承受了大部分荷载或内压作用。由图 4.5.4 结构在 1.2 恒载+1.4 雪载设计值组合作用下膜面应力云图可以看出，较大区域膜面最小主应力非常小，并且有部分区域出现单向皱褶的现象。从图 4.5.5 结构在 1.2 恒载+1.4 雪载设计值组合作用下索轴力云图可以看出，在图 4.5.4 所示膜面最大主应力处对应索轴力最大的区域，说明索分担了大量膜面的张力。

1.2 恒载+1.4 雪载设计值组合作用下的最大膜面应力及索轴力　　表 4.5.2

分析模型	设计内压（kPa）	最小主应力（kN/m）	最大主应力（kN/m）	索轴力（kN）	编号
无加强索	0.45	0～6.393	0.407～14.882	—	WS450
有加强索	0.45	0～4.346	0.512～6.610	21.291	YS450

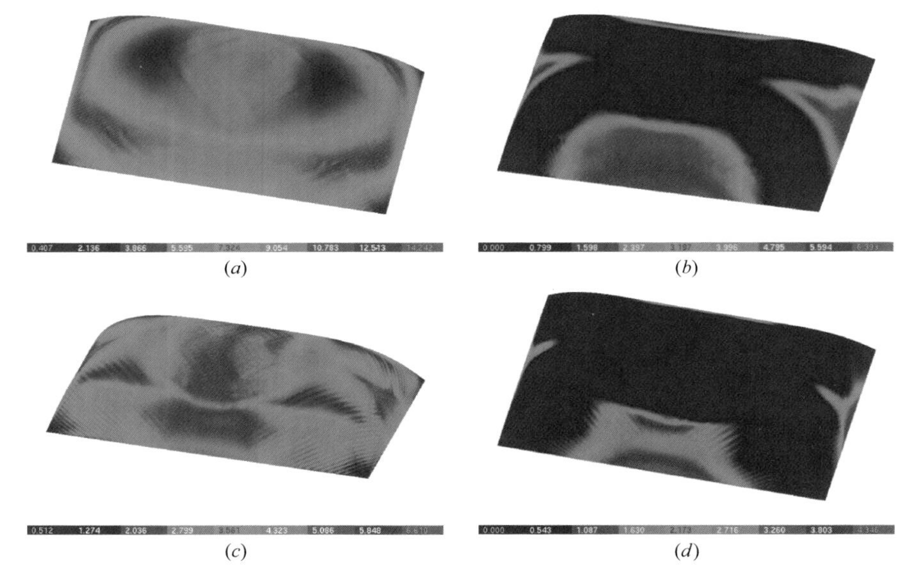

图 4.5.4　在 1.2 恒载＋1.4 雪载设计值组合作用下膜面应力云图（kN/m）

（*a*）最大主应力（WS450）；（*b*）最小主应力（WS450）；（*c*）最大主应力（YS450）；（*d*）最小主应力（YS450）

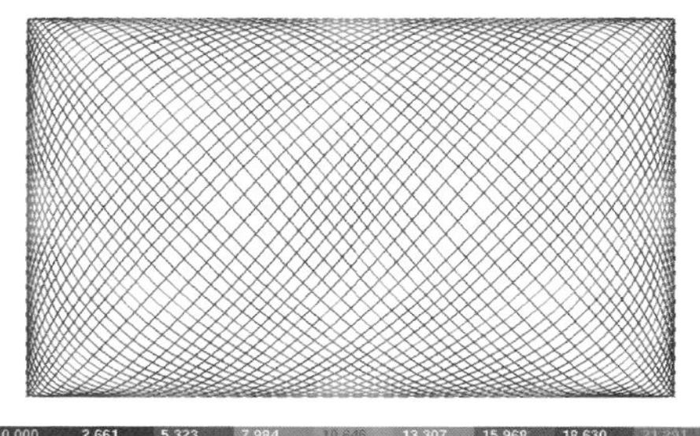

图 4.5.5　YS450 在 1.2 恒载＋1.4 雪载设计值组合作用下索轴力云图（kN）

（3）恒载＋风载作用下的变形分析

该工程在恒载＋风载标准值组合作用下的最大变形如表 4.5.3 所示，部分变形云图如图 4.5.6 所示。由表 4.5.3 可以看出，随着气承式膜结构设计内压的增加，在恒载和风载组合作用下结构的最大变形逐渐减少，当设计内压为 0.45kPa 且在荷载作用下不变时，无加强索时结构的最大变形达到 2994mm，有加强索时结构的最大变形也达到 2584mm，比没有加强索时减少了约 13.7%。这主要是由于加强索的存在，承担了大部分风荷载作用，从而减少了最大变形。从图 4.5.6 可以看出，在风荷载参与组合作用下，内压不变时不同计算模型的结构变形图的形状基本一致，只是最大变形存在差别。

恒载＋风载标准值组合作用下的最大变形值（mm）　　**表 4.5.3**

分析模型	设计内压（kPa）	*X* 向变形	*Y* 向变形	*Z* 向变形	合成变形	编号	最终内压（kPa）
无加强索	0.35	−511	3161	2652	3468	WS350	0.35
	0.4	−492	2972	2576	3190	WS400	0.4
	0.45	−458	2809	2508	2994	WS450	0.45
	0.45	−482	3558	2303	4049	WS450B	0.293
有加强索	0.35	−524	2753	1703	3074	YS350	0.35
	0.4	−472	2531	1633	2807	YS400	0.4
	0.45	−418	2343	1564	2584	YS450	0.45
	0.45	−285	1952	1461	2125	YS450B	0.587

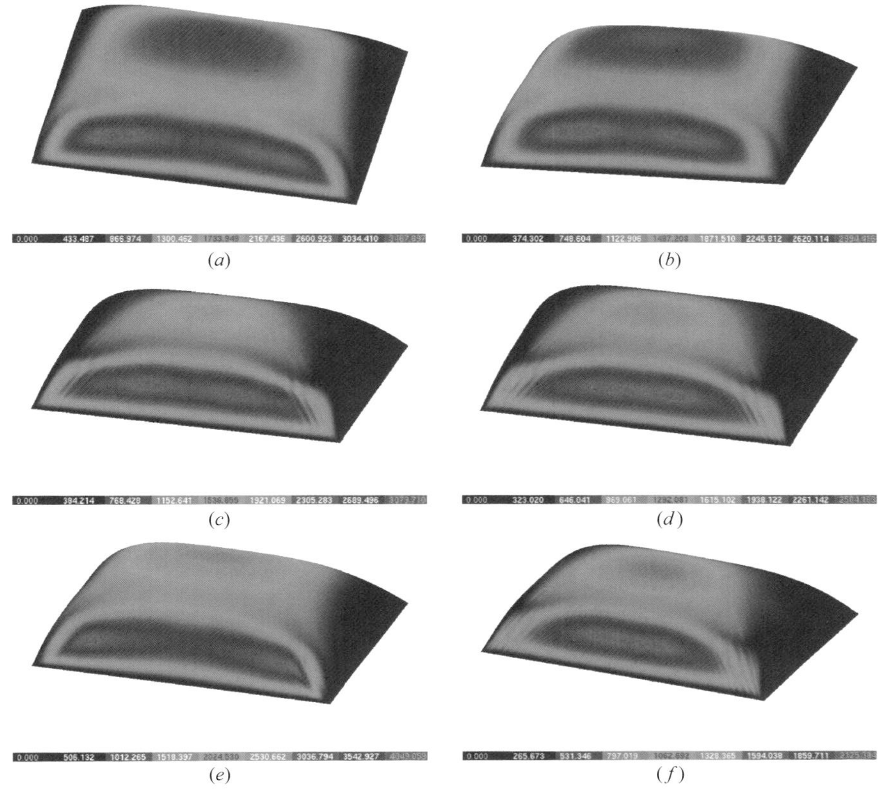

图 4.5.6 在恒载+风载标准值组合作用下结构的最大变形云图（mm）
(*a*) WS350；(*b*) WS450；(*c*) YS350；(*d*) YS450；(*e*) WS450B；(*f*) YS450B

表中 WS450B 对应的是无加强索时在荷载作用下内压随体积变化而变化的模型，对比 WS450 和 WS450B 两种情况下的变形可以看出，无加强索时考虑内压随体积变化而变化时，内压从 450Pa 降至 293Pa，这主要是由于膜面围成的封闭气体体积增加了 230.9m^3，导致气压减少，此时最大变形达到 4049mm，比按内压不变时计算得到的最大变形值 2994mm 增加了 35.2%。由此可见，在风荷载参与组合作用下，是否考虑内压随体积变化而变化计算的变形相差很大，这个影响不容忽略。

表中 YS450B 模型对应的是有加强索时在荷载作用下内压随体积变化而变化的结果，对比 YS450 和 YS450B 两种情况下的变形可以看出与无加强索时的规律截然不同，有加强索时考虑内压随体积变化而变化时，内压从 450Pa 反而增加到 587Pa，这主要是由于膜面围成的封闭气体体积减小了 199.1m^3，导致气压增加，此时最大变形仅有 2125mm，比按内压不变时计算得到的最大变形值 2584mm 减少了 17.8%。

有无加强索时规律相反的原因如下：从图 4.5.4 可以看出，没有加强索时膜面的应力非常大，由于膜的弹性常数较小，因此膜本身的伸长变形较大，从而导致膜面围成的封闭气体体积增大。而有加强索时，由于加强索网的存在并承担了大部分风荷载，使膜面的应力大幅度降低，从而膜本身的伸长变形就大幅度减小，另一方面索的刚度相比膜大很多，索本身的变形非常有限。另外，在风压的作用下，膜面向内凹陷，从而使膜面围成的封闭气积体积变小。

（4）恒载＋风载作用下的强度分析

该工程在1.0恒载＋1.4风载设计值组合作用下的最大膜面应力和索轴力如表4.5.4所示。当设计内压为0.45kPa且在荷载作用下不变时，无加强索时膜面最大主应力达到53.103kN/m，有加强索时最大主应力降到22.297kN/m，比没有加强索时减少了约58.0%。对比WS450和WS450B以及YS450和YS450B是否考虑在荷载作用下内压变化两种情况，可以看出无论膜面最大应力与索最大轴力均存在不容忽略的差别，进一步说明了在风荷载参与组合作用下，是否考虑内压随体积变化计算的膜面及索的内力均存在较大差别，这个影响不容忽略。由图4.5.7结构在1.0恒载＋1.4风载设计值组合作用下膜面应力云图可以看出，有些区域膜面最小主应力非常小，并且有部分区域也出现单向皱褶的现象。从图4.5.8结构在1.0恒载＋1.4风载设计值组合作用下索轴力云图可以看出，在图4.5.7所示膜面最大主应力处对应索轴力最大的区域，说明索分担了风荷载作用下膜面的较多张力。

1.0恒载＋1.4风载设计值组合作用下的最大膜面应力及索轴力　　表4.5.4

分析模型	设计内压（kPa）	最小主应力（kN/m）	最大主应力（kN/m）	索轴力（kN）	编号	最终内压（kPa）
无加强索	0.35	0～28.898	7.678～56.956	—	WS350	0.35
	0.4	0～30.071	8.023～54.965	—	WS400	0.4
	0.45	0～31.223	8.343～53.103	—	WS450	0.45
	0.45	0～26.981	7.009～61.106	—	WS450B	0.258
有加强索	0.35	0～8.294	1.185～23.790	148.86	YS350	0.35
	0.4	0～8.529	1.217～22.534	151.74	YS400	0.4
	0.45	0～8.756	1.366～22.297	155.64	YS450	0.45
	0.45	0～9.537	2.265～21.669	171.34	YS450B	0.660

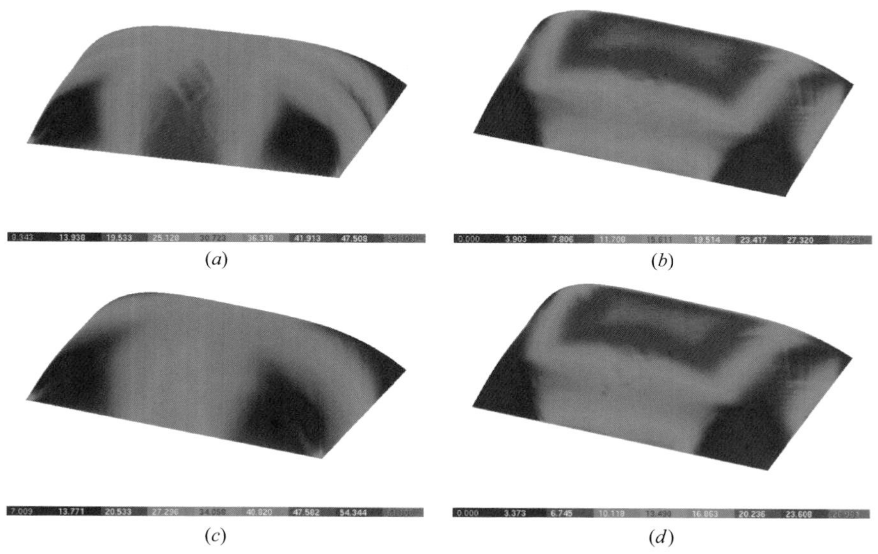

图4.5.7　在1.0恒载＋1.4风载设计值组合作用下膜面应力云图（kN/m）（一）
(*a*) 最大主应力（WS450）；(*b*) 最小主应力（WS450）；(*c*) 最大主应力（WS450B）；(*d*) 最小主应力（WS450B）；

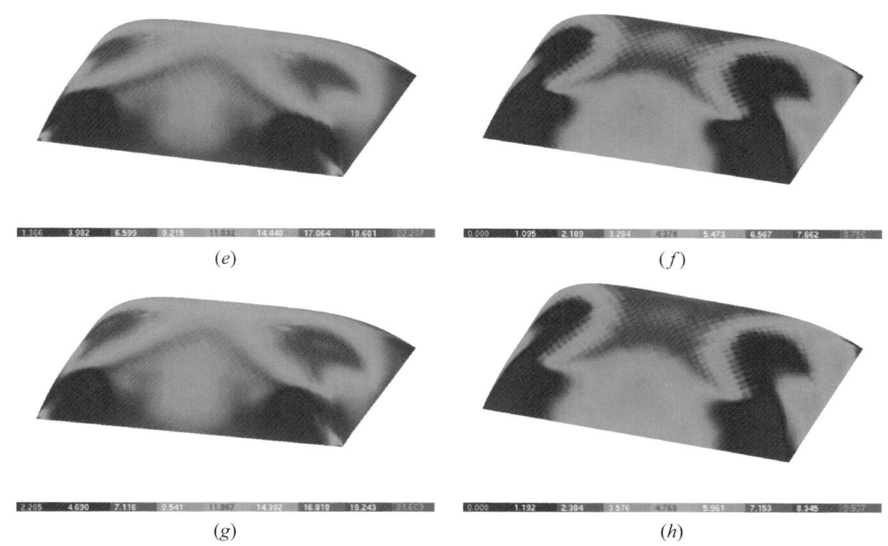

图 4.5.7 在 1.0 恒载+1.4 风载设计值组合作用下膜面应力云图 (kN/m) (二)
(*e*) 最大主应力 (YS450); (*f*) 最小主应力 (YS450); (*g*) 最大主应力 (YS450B); (*h*) 最小主应力 (YS450B)

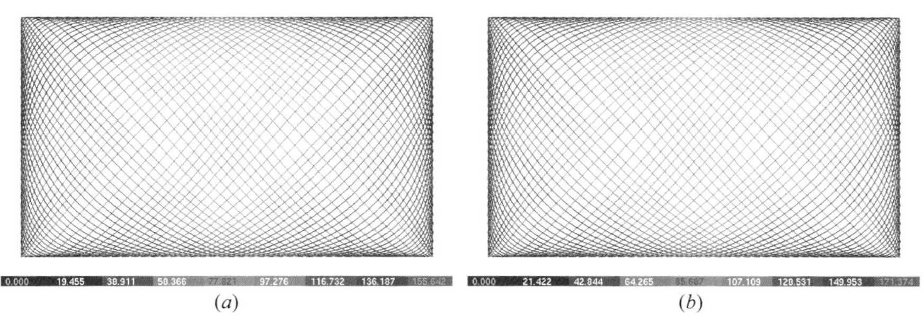

图 4.5.8 内压 450Pa 时在 1.0 恒载+1.4 风载设计值组合作用下索轴力云图 (kN)
(*a*) YS450; (*b*) YS450B

4. 气肋式膜结构分析案例

气承式膜结构承载力与内气压对支承结构的作用面积保持正比的关系。气承式膜结构内气压作用横截面很大，因此气承式膜结构承载能力也较大，非线性分析过程相对比较容易控制；气肋式膜结构由于气肋截面积有限，承载能力也很小，大型气肋式膜结构非线性荷载分析迭代过程非常容易发散。气承式膜结构荷载分析需考虑内压的作用，而内压的作用方向随结构的变形而变化，这也加大了气承式膜结构非线性分析的难度。采用动态迭代变形因子法可以有效提高荷载分析的收敛性。如图 4.5.9 (*a*) 所示大型气承、气肋组合式气承式膜结构，内部如图 4.5.9 (*b*) 所示施工过程中的大型气肋拱结构，结构外轮廓直径 60m，高 42.95m，10 根立柱，立柱直径 2.5m，设计内气压 10kPa。该结构在荷载作用下的变形如图 4.5.10 (*a*) 所示，膜单元皱褶情况如图 4.5.10 (*b*) 所示，图 4.5.9 (*b*) 中绿色表示正常膜单元，黄色表示单向皱褶单元，红色表示双向皱褶单元。

(a)　　(b)

图 4.5.9　气承、气肋组合式气承式膜结构

(a) 外景照片；(b) 内部气肋拱充气过程中照片

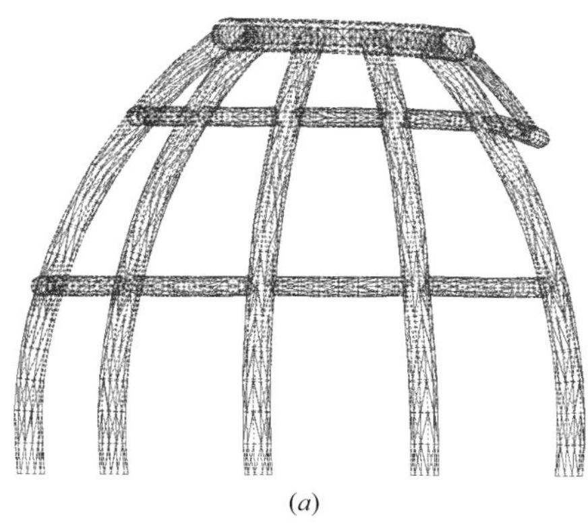
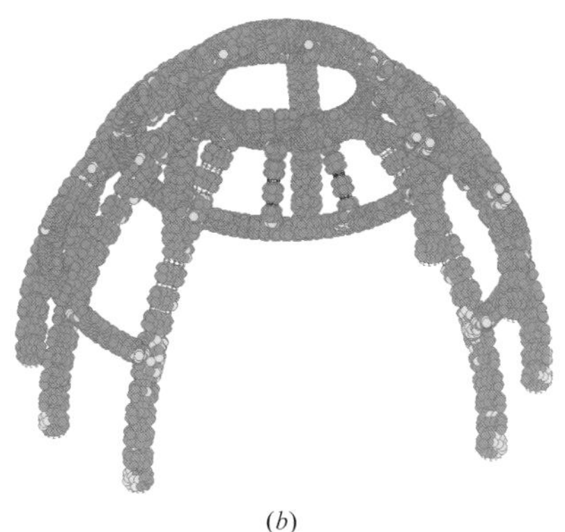

(a)　　(b)

图 4.5.10　气承、气肋组合式气承式膜结构荷载分析结果

(a) 变形图；(b) 膜单元皱褶情况

气肋拱结构非常便于移动，常用于可移动民用、军用设施。如图 4.5.11 所示某可移动式气肋框架式膜结构军用机库，该结构支承于两个气肋梁上，气肋梁直接放置于地面。如图 4.5.12 和图 4.5.13 所示，在荷载作用下，气肋梁可能与地面接触范围变大，也可能脱离地面，这时气肋式膜结构荷载分析过程中需要考虑接触问题。

图 4.5.11　气肋式机库结构

5. 气枕式膜结构分析案例

气枕常用于大跨网格结构，但其单元多为简单几何形状，如三边形、四边形、多边形等，下面简要给出两个算例，菱形和六边形气枕。

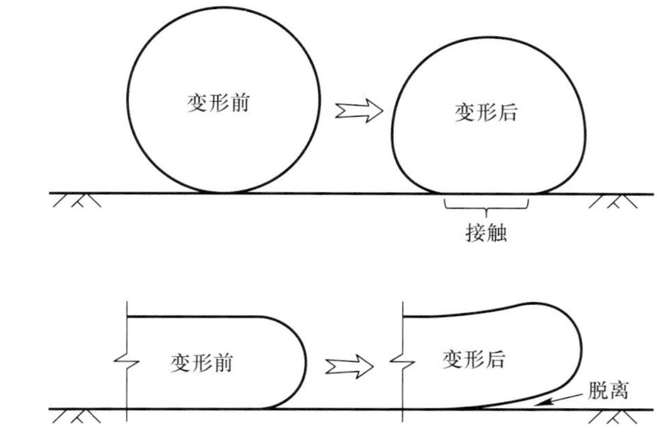

图 4.5.12　接触问题示意图

图 4.5.13　气肋式机库气承式膜结构分析得到的变形图

（1）菱形气枕

刚性边界为菱形的双层气囊膜，其长轴 12m，短轴 6m，如图 4.5.14 所示。给定的膜线力密度值为 0.8kN/m（3.2MPa）。采用矩形网格划分，划分间距 0.2m。给定内压值为 250Pa。

找形得到的菱形双层气枕矢高为 0.7184m，如图 4.5.15 所示，矢跨比 1/8.4，体积为 24.4752m^3。考虑膜材为 ETFE，膜厚为 0.25mm，膜材的弹性刚度设为 25kN/m（动态载

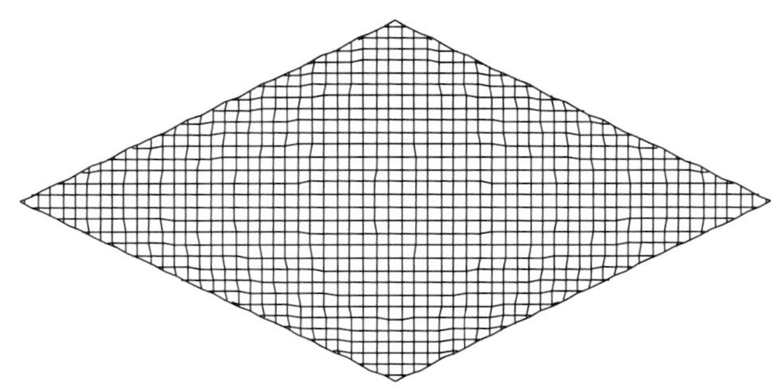

图 4.5.14　菱形双层气枕平面图

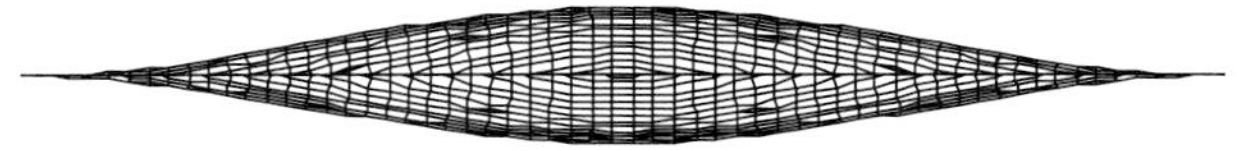

图 4.5.15　菱形双层气枕立面

荷可取约 1000MPa，长期或拟静态可取 650～850MPa）。首先施加的外荷载为 0.5kN/m^2 风吸荷载，荷载作用面为上表面。加载之后气枕的形态如图 4.5.16 所示。改变荷载方向，在气枕的上表面施加 0.5kN/m^2 风压荷载，加载之后气枕的形态如图 4.5.17 所示。

图 4.5.16　风吸荷载分析后菱形气枕立面

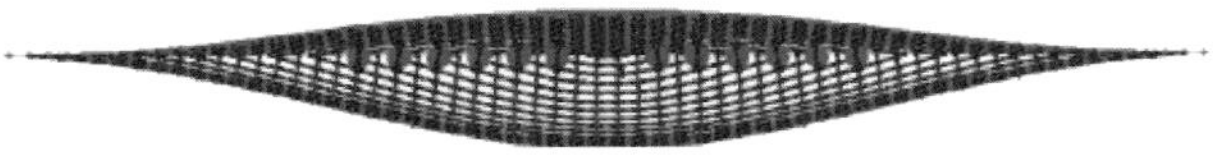

图 4.5.17　风压荷载分析后菱形气枕立面

无荷载时，气枕上、下表面最高点至中面的距离均为 0.7184m，膜上、下表面的应力大致为 0.8～1.1kN/m。膜内气压 $P=250$Pa，气枕体积 $V=24.4752$m^3，$V(P+P_0)=$ 2453.64kN·m。

在风吸荷载作用下，分析计算得到的上表面最高点至中面的距离为 0.9824m，下表面最高点至中面的距离为 0.4752m，变形 0.201，比值 1/29.8，满足变形要求。与无荷载状态相比，上表面矢高增大，下表面矢高减小。此时，膜内气压 $P=665$Pa，气枕体积 $V=$ 24.52m^3，$V(P+P_0)=2453.64$kN·m。即在风吸荷载下，膜内气压减小，气枕体积增大。从应力方面分析，气枕的上表面（荷载作用面）应力大多在 0.8～1.7kN/m 之间，其中菱形长轴应力约在 0.9～1.1kN/m 之间，短轴应力约在 1.4～1.6kN/m 之间，满足强度要求；短轴应力与无荷载态相比增加较多；下表面应力大多在 0.2～1.0kN/m 之间，其中菱形长轴应力约在 0.6～0.7kN/m 之间，短轴应力约在 0.3kN/m，短轴应力与无荷载态相比减少较多。此外，膜上表面中与固接边相连的膜出现了应力峰值 2.1～2.3kN/m，满足强度设计。综上，在气枕上表面施加了风吸荷载之后，膜的上表面应力增大，下表面应力减小，与固接边相连的膜线应力较大，气枕主要沿短轴方向受力。

在风压荷载作用下，分析计算得到的上表面最高点至中面的距离为 0.4555m，下表面最高点至中面的距离为 0.9911m，变形 0.209m，比值 1/28.7，满足变形要求。与无荷载状态相比，上表面矢高减小，下表面矢高增大。此时，膜内气压 $P=570$Pa，气枕体积 V $=24.40$m^3，$V(P+P_0)=2453.64$kN·m。即在风压荷载下，膜内气压增大，气枕体积减小。从应力方面分析，气枕的上表面（荷载作用面）应力大多在 0.1～1.1kN/m 之间，其中菱形长轴应力约在 0.6～0.8kN/m 之间，短轴应力约在 0.2～0.4kN/m 之间，短轴应力与无荷载态相比减少较多；下表面的应力大多在 0.8～1.7kN/m 之间，其中菱形长轴应力约在 0.8～1.1kN/m 之间，短轴应力约在 1.3～1.7kN/m 之间，短轴应力与无荷载态相比增加较多。此外，膜下表面中与固接边相连的膜出现了应力峰值 2.1～2.3kN/m，满足强度设计。综上，在气枕上表面施加了风压荷载之后，膜的上表面应力减小，下表面应力增大，同样，与固接边相连的膜线应力较大，气枕主要沿短轴方向受力。

（2）六边形气枕

刚性边界为正六边形的双层气枕，其每边长为 6m，如图 4.5.18 所示。预张力膜线力密度值为 1.1kN/m。采用矩形网格划分，划分间距 0.4m。给定内压值为 250Pa。

4.6.3 裁剪的应变补偿

膜材裁剪时的应变补偿值（预缩量）受许多因素影响，如膜材本身的双轴拉伸性能、徐变性能、膜面应力水平、裁剪片的形状及材料经纬方向、结构尺度及支承方式、膜面热合时的收缩情况、成型时的张拉难易程度等。应变补偿常以补偿率的形式实施。严格说来，需根据膜材在特定应力比及应力水平下的双轴拉伸试验结果，结合上述诸因素综合确定应变补偿率。

需要注意的是，膜材经、纬向的应变补偿率通常是不同的，且不同的应力分区也应采用不同的补偿率。一般来说，常用聚氯乙烯（PVC）涂层覆盖聚酯织物的应变补偿率在0.5%～0.8%；屋面处1%～4%；基础连接处0.5%～2%。

试验表明，ETFE单轴屈服强度约17MPa，屈服应变约2%，基于6MPa应力水平之内的双轴拉伸试验表明，6MPa下的应变约0.6%，应力-应变比例关系在该应力水平下，与单轴试验结果接近。以《膜结构技术规程》CECS158建议的ETFE膜材预张力水平0.7～1.2kN/m，最常见的250μm厚度ETFE与预张力相应的应变则约为0.3%～0.5%。

气枕式膜结构应变补偿值应根据膜材的性能参数、气枕的单元尺寸、膜面的应力水平、膜面热合时的收缩情况、安装时的张拉难易程度，并结合实际的工程经验综合确定。由于气枕的膜材预张力并非由机械张拉产生，而是在边界安装后通过充气产生，所以气枕的应变补偿值一般取值较小，工程实践中一般不超过0.3%。

4.6.4 裁剪设计的方法

对于一块确定划分的曲面膜片，需要找到其对应的无应力平面膜片的形状，这个过程称为曲面展平。采用一种利用膜结构成型中间状态来进行曲面展平的最优化方法，通过这种方法可以确保结构成型之后的形状和应力分布都与设计结构最为接近。

膜结构的裁剪分析最初是从量测物理模型开始的，即按一定比例制作一个所期望的结构曲面模型，用一定宽度的纸、布或其他柔性材料剪成相应的形状粘贴到模型上，经反复修改，直到完全覆盖整个模型。将每个粘贴条揭下按比例放大后，再考虑应变补偿，即可得膜材的下料图。对于简单、规则的可展曲面，可直接利用几何方法将其展开并得到下料图。而对于复杂曲面，需通过计算机方法确定。目前常用的裁剪方法有测地线裁剪法（Geodesic Line Method）及平面相交裁剪法等。

1. 测地线裁剪法

测地线原是个大地测量学中的概念，又称短程线，是指经过曲面上两点并存在于曲面上的最短的曲线。可展曲面上的测地线在曲面展开成平面后为直线；不可展曲面上的测地线在展开后接近直线。测地线裁剪法，就是以测地线来剖分空间膜面。求曲面上的测地线的问题，实际上是一个求曲面上两点间曲线长度之泛函极值的问题。

用测地线概念作膜结构裁剪分析的问题之所以复杂，是因为膜结构几何外形的复杂多变。通过找形分析，所得到的是膜面上一些离散点的空间坐标，而不是空间曲面的方程，因而也就无法得到曲面上两点间曲线长度的泛函的显式。通常采用分段线性化的方法来处理这一问题，即用求极值确定测地线上的若干点，再用线性插值的方法求中间点，从而求得测地线。

对于一些呈球面特征的曲面或曲面区域，两端点（极点）间的测地线有无数条，即测地线并不唯一，这样就很难控制膜条的最大宽度。如今，在两端点间再指定一个中间点的准测地线（Semi-Geodesic Line）方法已经用于膜结构设计软件中。

测地线裁剪法的好处是接缝最短、用料较省，但裁剪线的分布及材料经、纬方向的考虑不易把握。实际应用中，在将由两条测地线及边界围成的空间膜条展开成平面时，需指定其中的一条测地线为直线。

2. 平面相交裁剪法

平面相交裁剪法是用一组平面（通常用竖向平面）去截找形所得到的曲面，将膜面分成一个个的“香蕉状”的膜条，以平面与空间曲面的交线作为裁剪线。平面相交裁剪法常用于对称膜面的裁剪，所得到的裁剪线比较整齐、美观。

图4.6.5和图4.6.6分别为用测地线裁剪法和平面相交裁剪法设计后的裁剪片示意图。

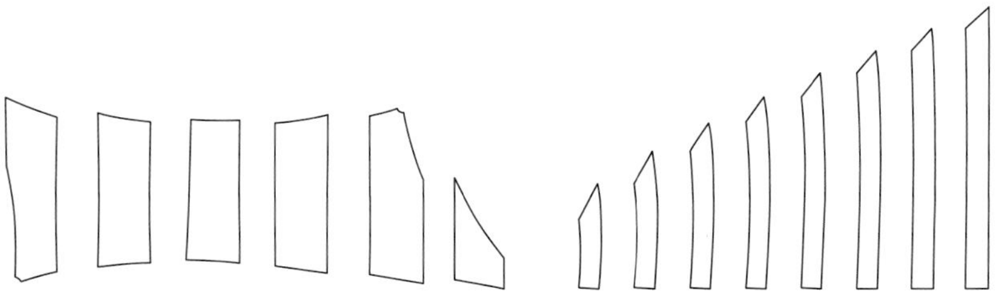

图4.6.5　测地线裁剪法裁剪片　　图4.6.6　平面相交裁剪法裁剪片

3. 裁剪设计的工程实例

与张拉膜结构、骨架膜结构有所不同，气承式膜结构的裁剪设计大多数采用平面相交裁剪法。下面是一些按照平面相交裁剪法进行裁剪设计后裁剪缝分布的具体工程实例：

A. 建筑尺寸：宽24m，长50m（图4.6.7）

B. 建筑尺寸：宽49m，长66m（图4.6.8）

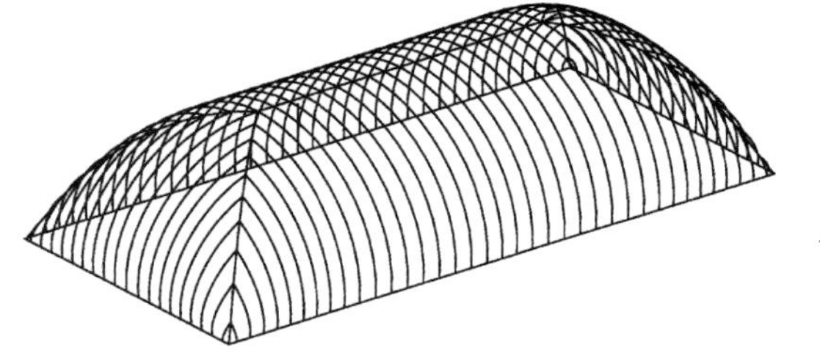

图4.6.7　裁剪设计工程实例一

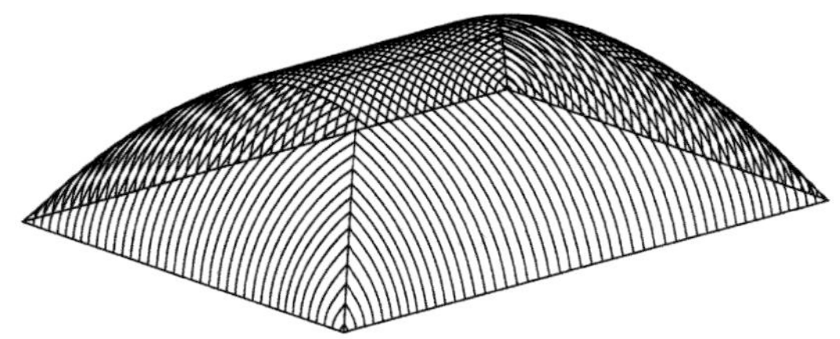

图4.6.8　裁剪设计工程实例二

C. 建筑尺寸：宽50m，长88m（图4.6.9）

D. 建筑尺寸：直径70m（图4.6.10）

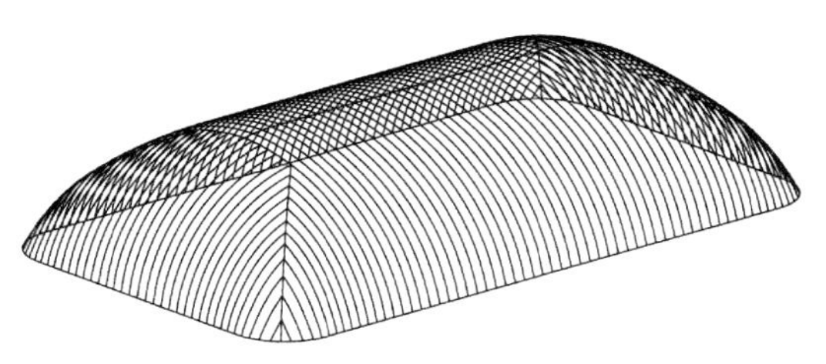

图 4.6.9 裁剪设计工程实例三

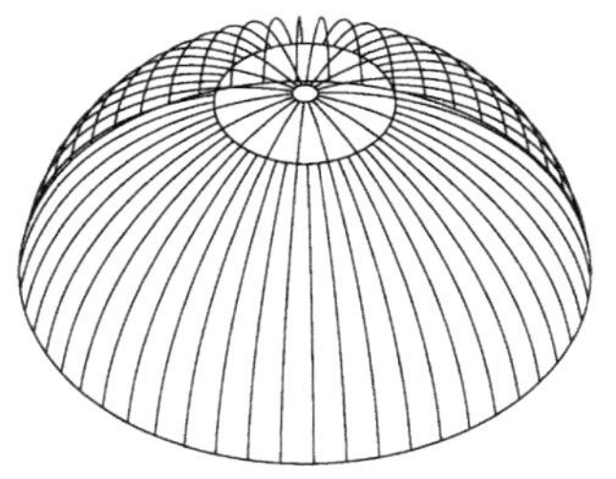

4.6.10 裁剪设计工程实例四

4.7 空气泄漏

气承式膜结构通过充气系统提供的充气压力来给膜面施加一定的预张力，进而能抵抗外部的风、雪荷载并保持稳定，所需要的压力大小与充气膜的结构尺寸、外部的荷载条件都有关系。气承式膜结构也并非是一个完全封闭的系统，会有一定量的空气泄漏，这对风机的送风风量又提出了要求：(1) 在取代正常的空气泄漏的情况下，它能在较短的时间里完成最初充气；(2) 在设计内压作用的情况下，它又能抵消对应的空气泄漏来保证正常的压力供应。风机选型的时候，要综合考虑以上的这些因素，使得充气系统中选用的风机能够具备足够的送风能力，即能提供设计所需要的压力供应，又能满足在最大压力供应下空气泄漏所需要的送风风量。

在结构设计时，要评估和计算气承式膜结构的空气泄漏量。

4.7.1 空气泄漏的位置

空气泄漏主要发生在以下的几个位置处：

(1) 膜结构主体与基础连接处。基础锚具的种类、安装连接的牢固程度都会对空气泄漏量产生影响。

(2) 膜单元连接缝。膜单元连接缝的节点形式不同，空气泄漏量的大小也不相同。

(3) 出入口的装配。空气泄漏量会随着进出门的类型、尺寸和数量发生变化。

(4) 机械设备。各种机械设备的送风管道处也会有一定的空气泄漏。

(5) 通风口。不同类别通风口之间的空气泄漏情况差异很大，它取决于结构的尺寸、位置、容纳的人数以及通风装置的尺寸和数量。充气系统也要通过正常的空气排放来保持足够的空气流通，增加更多和更大的通风装置可以提供更大的空气流通，但是这种额外的空气流失也必须包含在所选风机合理的容量范围内。

(6) 其他开口。其他一些开口处（比如特定的部位、窗户等）的空气泄漏会随着这些开口的尺寸发生变化。

主风机和备用风机都要有提供足够的送风风量的能力，并能保证在最大充气压力下提供足够的风量来取代以上那些位置处预算出的空气泄漏量。

4.7.2 空气泄漏的理论分析

空气通过特定尺寸洞口时压力差和流速关系的伯努利方程为：

$$P = \frac{1}{2}\rho v^2 \tag{4.7.1}$$

式中 P——充气膜内外的压力差（Pa）；

ρ——15℃时的空气密度，1.25kg/m³；

v——空气的流速（m/s）。

通过换算，环境温度 15℃、一个标准大气压下空气的泄漏量公式为：

$$L = C_0 A v = C_0 A \sqrt{\frac{2P}{\rho}} = 1.265 C_0 A \sqrt{P} \tag{4.7.2}$$

式中 L——通过洞口的空气泄漏量（m³/s）；

A——洞口的截面积（m²）；

C_0——泄气洞口形式对应的流量折减系数，可取 0.61～0.65。

通过式（4.7.2）可以相对准确地计算出在不同内压情况下经过特定尺寸洞口的空气泄漏量。

4.7.3 空气泄漏的估算

要准确计算出气承式膜结构的空气泄漏量，需要准确地折算出气承式膜结构各个泄气位置的等效泄气面积 A_e，再利用上面的公式进行计算。实际上，正常工作状态下对应的等效泄气面积 A_e 很难通过直接测量的方式得到，因此也无法精确计算出气承式膜结构的空气泄漏量。

充气膜在国外已经发展了几十年，积累了相当多的工程经验和理论数据，里面也不乏关于气承式膜结构空气泄漏的数据。目前国内气承式膜结构主要的锚固方法、节点连接形式、进出门构造及控制系统等多源于北美地区，并在国内得到进一步发展。借鉴加拿大标准协会《Air-, cable-, and frame-supported membrane structures》CSA S367-12 标准中有关空气泄漏的附录数据，简单地列出了一些泄气位置的空气泄漏率（参见表 4.7.1），供设计及施工参考，同时也期望各个相关公司及专业技术人员在实际工程中进行统计分析和对比，进一步总结和完善。

380Pa 内压时空气泄漏率 L 值列表 **表 4.7.1**

编号	项目	L(dm³/s 或 L/s)	备注
一、膜单元与基础锚固连接处			
1	压板紧固连接	7	每米
2	铝槽防腐木固定	8	每米
3	压接在混凝土地面上	11	每米
4	压接在土壤地面上	23	每米

续表

编号	项目	L(dm³/s或L/s)	备注
二、膜单元相互连接节点处			
1	金属连接片紧固	6	每米
2	绑绳连接	11	每米
3	索扣连接	11	每米
4	缝纫连接	0.3	每米
三、各进出门处			
1	安全门	120	每套
2	旋转门	190	每套
3	互锁平开门	190	每套
4	互锁汽车门（2.5m×2.5m）	125	每套
5	互锁汽车门（3.5m×3.5m）	225	每套
6	互锁汽车门（5.0m×5.0m）	370	每套
四、机械设备处			
1	风机送风风道	70	每处
2	采暖送风风道	95	每处
3	空调送风风道	95	每处
五、洞口			
1	ϕ100mm洞口	120	每处
2	ϕ150mm洞口	485	每处
3	ϕ300mm洞口	1970	每处
4	ϕ400mm洞口	3070	每处

4.8　结构塌落与逃生

4.8.1　气承式膜结构

气承式膜结构靠内外的气压差使膜面产生拉应力来维持结构形态，以承受外荷载。该结构形式近几年来在我国得到了广泛的使用，其多数应用于室内人数较多的体育、展览、文化、娱乐及军事领域等。然而，作为室内人员密集场所的气承式膜结构建筑，其在意外情况下（如停电、大风、积雪等不利情况下）有可能膜面迅速下塌，内部人员需及时疏散。本节旨在提供一个简单的计算方法，用以确定在紧急情况下人员逃生疏散是否满足要求，以及如何评估人员逃生时应急门全部打开后气承式膜结构安全性及泄气时间。

当内部人员需要紧急疏散时，气承式膜结构需要开启一定数量的应急出口。此时由于开启应急出口造成的相对于 A_e 增加的泄气面积 A_E 则可以大致直接测量得到。

因此，气承式膜结构的总体气体交换速率 L_A 需由三部分构成，由式（4.8.1）计算：

$$L_A = L_N + L_E - L_M \tag{4.8.1}$$

式中　L_N——正常工作状态下通过等效泄气面积 A_e 产生的泄气速率（m^3/s）；

L_E——由于开启应急门通过泄气面积 A_E 的泄气速率（m^3/s）；

L_M——充气系统的空气补给速率（m^3/s）。

当由式（4.8.1）计算的总体气体交换速率大于 0 时，即漏气量大于补气量，气承式膜结构处于泄气阶段；小于等于 0 时，即补气量足以弥补漏气量，气承式膜结构处于充气阶段。

1. 泄气评估

参照 1996 年颁布的美国《空气支撑结构技术标准》ASCE 17-96（以下简称美国标准）第 3.3.1.3 条对气承式膜结构的泄气简化计算所做的相关规定，在紧急情况下当膜面平均高度降至 2.1m 时，若人员逃生时间大于等于 20min，则气承式膜结构的整体抗泄气能力满足要求。

进行泄气评估时，需要确定以下参数：

（1）气体体积改变量，气承式膜结构泄气初始对应的膜内空气体积 V_0，以及膜面平均高度降至 2.1m 时对应的剩余体积 V_{cr}。V_{cr} 保证足够的逃生通道，参考美国标准按下式确定：

$$V_{cr} = 2.1A_f \tag{4.8.2}$$

式中　A_f——膜面水平投影面积。

（2）残余压差，气承式膜结构在从泄气开始到泄气至 V_{cr} 的过程中，气压不断变化。需根据整个泄气过程确定合理的残余气压 P_D。将 P_D 代入式（4.7.2）可求得 L_N 及 L_E，即

$$\begin{cases} L_N = 1.265P_D^{0.5}C_0A_e \\ L_E = 1.265P_D^{0.5}C_0A_E \end{cases} \tag{4.8.3}$$

为此，评估整体抗泄气能力时气承式膜结构应满足：

$$T = \frac{V_0 - V_{cr}}{L_A} \geqslant 20\text{min} \tag{4.8.4}$$

2. 气承式膜结构泄气倒塌过程的共性规律

以某污染土处理厂的膜结构（图 4.8.1）为例，说明气承式膜结构在泄气过程中的共性规律，以便于后文描述泄气时间的简化计算方法及制定逃生计划。

图 4.8.1　某污染土处理厂的气承式膜结构
（97m 长，80m 宽，200Pa 工作气压下 32m 高）

图 4.8.2（*a*）、（*b*）、（*c*）分别给出了该气承式膜结构在 $C_0(A_e + A_E) = 8m^2$ 且风机关闭无充气补给的条件下的动态仿真结果，包括气压响应时程曲线，膜内空气体积响应时程

曲线，以及气压-体积曲线和典型的泄气形态图。该泄气倒塌动态仿真利用 SMCAD 软件进行模拟，植入向量式有限元方法的常应变三角形膜单元，并根据气体状态方程考虑泄气过程中的气压动态变化。

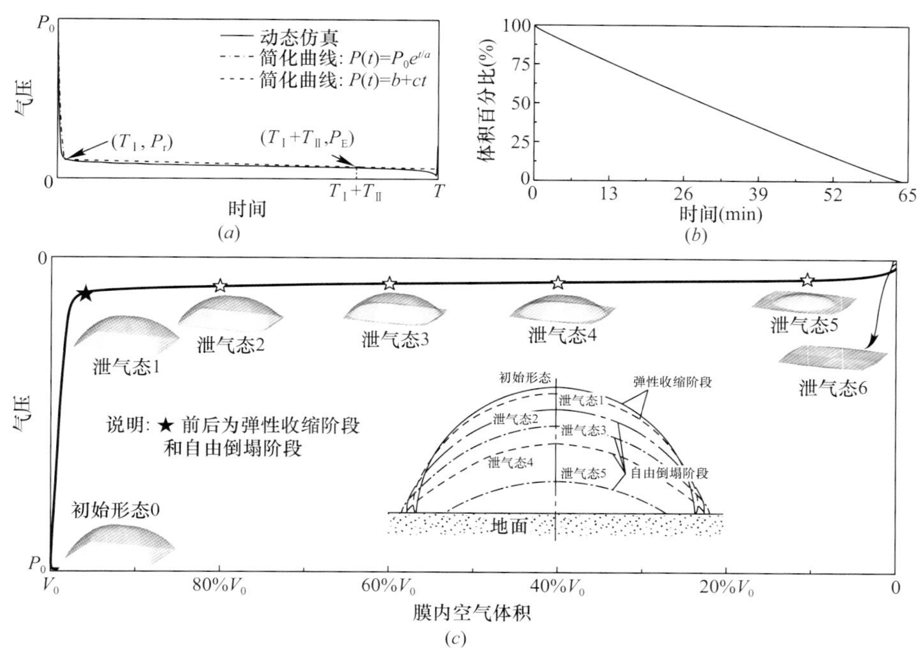

图 4.8.2 全过程泄气响应

(a) 气压响应时程曲线；(b) 膜内空气体积响应时程曲线；(c) 气压-体积曲线和典型的泄气形态图

该气承式膜结构的泄气过程表现出非常典型的两个阶段：

(1) 阶段Ⅰ——“弹性”收缩阶段：此阶段气压迅速降低，膜面应力相应地也迅速变小，膜面处于“弹性”收缩阶段。此过程中对应的气体体积改变量 $V_{\rm I}$ 不大。

(2) 阶段Ⅱ——自由倒塌阶段：此阶段气压基本平稳，但也呈逐渐减小趋势，最终降低至 0；此过程中膜面在很低的残余气压 $P_{\rm r}$ 和自重作用下逐渐下塌，膜面逐渐从类半球面形状展平，膜面产生大量褶皱现象；由于该阶段气压基本平稳，膜内气体体积与时间大致成线性相关；该过程持续时间很长，对应的气体体积改变量 $V_{\rm II}$ 很大。

由于膜材褶皱的出现，导致阶段Ⅱ的残余气压大致跟地面以上膜重及荷载相平衡。当忽略泄气过程中的动力效应时，根据力的竖向平衡方程有

$$P_{\rm r}A_{\rm f}\approx W \tag{4.8.5}$$

从而残余气压 $P_{\rm r}$ 的估算式为：

$$P_{\rm r}=W/A_{\rm f} \tag{4.8.6}$$

式中 W——包含膜面自重，以及稳定索、节点构造、附属设备等荷载的总和。

随着泄气进行，部分膜面向外扩展，底部的膜面坍塌至地面，这会造成式 (4.8.6) 中 W 减小而 $A_{\rm f}$ 增大，从而残余气压会一定程度降低。用 $P_{\rm E}$ 表示气承膜泄气至 $V_{\rm cr}$ 时承受的残余气压值。

3. 气密性检测方法

当泄气面积较小时，气承膜由于泄气产生的动力效应不是很显著，泄气过程跟泄气面积大小成反比。面积越大，泄气过程越快；面积越小，泄气过程越缓慢。当对气承式膜结构实际工程进行质量验收时（一个重要指标是评估 A_e 的大小是否在容许范围内），应设计至少两组泄气试验间接评估 A_e 范围，可参考以下过程进行：

（1）测定维持正常工作气压 $\widetilde{P}_W$ 状态下的鼓风机鼓风速率 $\widetilde{L}_M$；

由于此时气承膜处于正常工作状态，应有：

$$1.265\widetilde{P}_W^{0.5}C_0A_{e,1}\widetilde{L}_W \leqslant 0 \tag{4.8.7}$$

关闭所有应急门及气锁装置，在气承膜充气至正常工作气压 $\widetilde{P}_W$ 后，关闭充气系统，测定气承膜在20min内的气压变化。要求经过20min的自然泄气后，气承膜仍然处于阶段Ⅰ的泄气过程中，即要求20min时的膜内气压 $\widetilde{P}_{20}$ 大于由式（4.8.6）计算的残余压差值。

（2）当上一步满足要求时，重新启动充气系统，将气承膜充气至额定工作气压 $\widetilde{P}_W$ 后，关闭充气系统，根据气承膜的出入门洞布置情况，选择性地增开一扇应急门洞，计其面积为 $\widetilde{A}_{open}$，同样观测20min内气承膜的气压变化过程，同时记录气压降至步骤2中 $\widetilde{P}_{20}$ 所用的时间，用 T_2 表示。

（3）由于小泄气面积下气承膜泄气时间与泄气面积成反比，利用下式估算 A_e 取值：

$$A_{e,2}\times 20=(A_{e,2}+\widetilde{A}_{open})\times T_2 \tag{4.8.8}$$

当满足以下两条验收标准时，认为该项指标验收合格，否则就必须对所有对 A_e 有贡献的项目进行整改提高工程质量，直到验收合格为止。

验收标准：

$$\begin{cases}a.\ \widetilde{P}_{20}>P_r\\ \mathrm{b.}\ A_e=\min(A_{e,1},A_{e,2})<A_{e,\mathrm{allowance}}\end{cases} \tag{4.8.9}$$

$A_{e,\mathrm{allowance}}$ 根据气承膜的工程体量进行设定，建议取值为

$$A_{e,\mathrm{allowance}}\leqslant A_s/10000 \tag{4.8.10}$$

式中　A_s——膜面总表面积。

4. 泄气时间的估算方法及逃生设计

为便于估算泄气时间，对两个泄气阶段的气压响应曲线进行简化。如图4.8.2（a）所示，假设阶段Ⅰ的气压曲线呈指数变化，且经过（0，P_0）和（$T_{\rm I}$，P_r）两点，阶段Ⅱ的曲线呈直线变化，经过（$T_{\rm I}$，P_r）和（$T_{\rm I}+T_{\rm II}$，P_E）两点（P_E）。从而简化的气压响应曲线（形象地称之为Exp-Seg气压曲线）有如下数学表达式：

$$P(t)=\begin{cases}P_0e^{\frac{\ln P_r-\ln P_0}{T_{\rm I}}t},0<t\leqslant T_{\rm I}\\ P_r+\dfrac{P_E-P_r}{T_{\rm II}}(t-T_{\rm I}),T_{\rm I}\leqslant t\leqslant T_{\rm I}+T_{\rm II}\end{cases} \tag{4.8.11}$$

式中　$T_{\rm I}$、$T_{\rm II}$——分别为阶段Ⅰ——“弹性”收缩阶段和阶段Ⅱ——自由倒塌阶段的泄气持续时间。

式（4.8.11）对时间积分，即可求得阶段Ⅰ和阶段Ⅱ的漏气量 V_{I} 和 V_{II}：

$$
\begin{aligned}
V_{\mathrm{I}} &= \int_0^{T_{\mathrm{I}}} L(t)\mathrm{d}t = 1.265\frac{2(\sqrt{\kappa}-\sqrt{\varphi})}{\ln\kappa-\ln\varphi}P_{\mathrm{E}}^{0.5}C_0AT_{\mathrm{I}} - L_{\mathrm{M}}T_{\mathrm{I}} \\
&= 1.265K_{\mathrm{I}}P_{\mathrm{E}}^{0.5}C_0AT_{\mathrm{I}} - L_{\mathrm{M}}T_{\mathrm{I}}
\end{aligned} \tag{4.8.12}
$$

$$
\begin{aligned}
V_{\mathrm{II}} &= \int_{T_{\mathrm{I}}}^{T_{\mathrm{I}}+T_{\mathrm{II}}} L(t)\mathrm{d}t = 1.265\cdot\frac{2}{3}\left(\sqrt{\varphi}+\frac{1}{\sqrt{\varphi}+1}\right)P_{\mathrm{E}}^{0.5}C_0AT_{\mathrm{II}} - L_{\mathrm{M}}T_{\mathrm{II}} \\
&= 1.265K_{\mathrm{II}}P_{\mathrm{E}}^{0.5}C_0AT_{\mathrm{II}} - L_{\mathrm{M}}T_{\mathrm{II}}
\end{aligned} \tag{4.8.13}
$$

$$
\begin{cases}
K_{\mathrm{I}} = 2(\sqrt{\kappa}-\sqrt{\varphi})/\ln(\kappa/\varphi) \\
K_{\mathrm{II}} = 2/3(\sqrt{\varphi}+1/(\sqrt{\varphi}+1))
\end{cases} \tag{4.8.14}
$$

式中 K_{I}、K_{II}——分别为 Exp-Seg 气压曲线中的指数段、直线段对应的跟残余气压相关的系数；

κ——初始气压 P_0 与残余气压 P_{E} 的比值；

φ——阶段Ⅱ首尾端的残余气压 P_{r} 与 P_{E} 的比值，即

$$
\begin{cases}
\kappa = P_0/P_{\mathrm{E}} \\
\varphi = P_{\mathrm{r}}/P_{\mathrm{E}}
\end{cases} \tag{4.8.15}
$$

从而由式（4.8.12）和式（4.8.13），可得到气承膜从 V_0 泄气至 V_{cr} 所用的时间 $T_{\mathrm{I}}+T_{\mathrm{II}}$ 的计算式：

$$T_{\mathrm{I}} = \frac{V_{\mathrm{I}}}{1.265K_{\mathrm{I}}P_{\mathrm{E}}^{0.5}C_0A - L_{\mathrm{M}}} \tag{4.8.16}$$

$$T_{\mathrm{II}} = \frac{V_0 - V_{\mathrm{I}} - V_{\mathrm{cr}}}{1.265K_{\mathrm{II}}P_{\mathrm{E}}^{0.5}C_0A - L_{\mathrm{M}}} \tag{4.8.17}$$

$$T_{\mathrm{I}} + T_{\mathrm{II}} = \frac{V_{\mathrm{I}}}{1.265K_{\mathrm{I}}P_{\mathrm{E}}^{0.5}C_0A - L_{\mathrm{M}}} + \frac{V_0 - V_{\mathrm{I}} - V_{\mathrm{cr}}}{1.265K_{\mathrm{II}}P_{\mathrm{E}}^{0.5}C_0A - L_{\mathrm{M}}} \tag{4.8.18}$$

使用式（4.8.18）进行泄气时间估算时，需要知道气承膜在初始气压 P_0 下的体积 V_0 及泄气至残余气压 P_{r} 时的体积 V_{r}。这两个体积参数应根据气承式膜结构评估对象所使用膜材的力学特性，通过有限元分析（如非线性有限元分析）计算确定。

为满足 20min 的最小逃生时间，有 $T_{\mathrm{I}}+T_{\mathrm{II}}\geqslant 1200\mathrm{s}$，代入式（4.8.18）可得到紧急情况下逃生时最大容许开门面积 $A_{\mathrm{E,max}}$ 的估值（此时偏保守考虑，不计入充气系统的空气补给量，即 $L_{\mathrm{M}}=0$）：

$$A_{\mathrm{E,max}} \leqslant \frac{1}{1200}\left(\frac{V_{\mathrm{I}}}{1.265K_{\mathrm{I}}P_{\mathrm{E}}^{0.5}C_0} + \frac{V_0 - V_{\mathrm{I}} - V_{\mathrm{cr}}}{1.265K_{\mathrm{II}}P_{\mathrm{E}}^{0.5}C_0}\right) - A_{\mathrm{e}} \tag{4.8.19}$$

根据式（4.8.19）估算的最大容许开门面积 $A_{\mathrm{E,max}}$ 进行逃生设计，使得开启应急门和气锁装置等造成的漏气面积增量小于 $A_{\mathrm{E,max}}$。

4.8.2 气枕的塌陷

气枕式膜结构靠内外的气压差使膜面产生拉应力来维持气枕形态，以承受外荷载。供气系统的故障或气枕的破损将造成气枕因失压而导致塌陷。气枕破损后，供气管道中的部分气体将通过该气枕的进气口而产生泄露。个别气枕的破坏可能是由于意外的划伤造成，

其引起的空气损失对整个供气管道和其他气枕压力的影响很小。

供气系统故障造成气枕失压时，应及时根据厂家的使用手册排除故障，必要时，尽快通知厂家协助处理。由于气枕一般为骨架式支撑结构的围护结构，所以气枕的失压一般不引起危害结构的整体安全。

当雪压超过预设的气枕最大工作内压，从而持续挤压气枕，使气枕失压时，应予以高度重视，及时除雪，避免积雪过多危害主体结构的安全，尤其在水雪混合状态下，可能超过主结构原有的设计荷载。

气枕塌陷并且有雨水积聚时，荷载有可能超过主结构的原有设计荷载，从而影响结构安全，应在节点构造设计上避免积水的产生。当没有采用上述构造时，如果有迹象表明气枕已积水过多，应优先保障主体结构安全，可扎破气枕，使雨水落下，破损的气枕可以事后修补或更换。

4.9　连接构造

气承式膜结构的连接构造应保证连接的安全、合理、美观，并且应该符合计算假定。连接构造偏心时，应考虑其对拉索、膜材产生的影响。膜材连接处应具有可靠的水密性和气密性，并且应有可靠措施防止膜材的磨损和撕裂，且同时应满足《膜结构技术规程》CECS 158 的相关规定。

气承式膜结构中拉索的连接节点、锚锭系统与端部连接构造，应传力可靠，具有足够的强度、刚度和耐久性，对金属连接件应采取可靠的防腐蚀措施，且同时应满足《索结构技术规程》JGJ 257 的相关规定。

以下具体介绍气承式膜结构（气承式和气枕式）的典型节点连接构造。

4.9.1　膜片间的连接构造

依据裁剪设计图，将膜面裁剪切割成的一个个裁剪片，称为膜片。膜片与膜片之间的连接主要采用热合连接，热合连接可采用搭接或对接方式。搭接或对接的热合宽度，应根据膜材的类别、强度，通过实验确定，对P类膜材不宜小于25mm，对E类膜材不宜小于10mm。

搭接连接时，应使上部膜材覆盖在下部膜材上（图4.9.1、图4.9.2）。

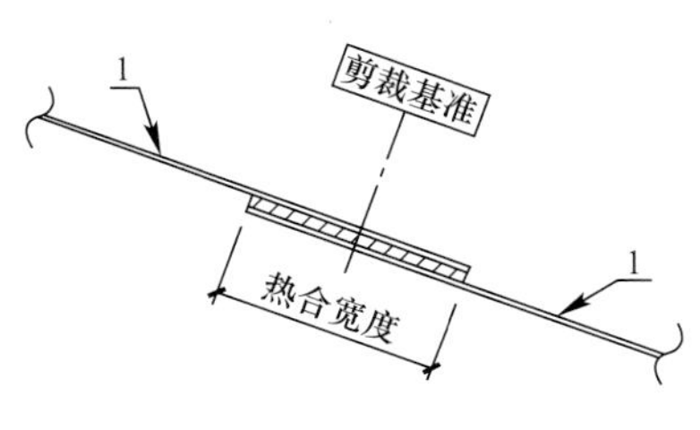

图4.9.1　上下膜面搭接节点

1—膜材

图4.9.2　上下膜面搭接实例

对接连接时，应根据膜材种类分别对待。气承式膜结构通常采用P类膜材，膜材正面有PVDF或PVF面层，不能直接热合。所以P类膜材在对接连接时，背贴条在主膜材下方（图4.9.3）。而气枕式膜结构通常采用E类膜材，膜材背面有印刷点，不能直接热合。所以E类膜材在对接连接时，背贴条在主膜材上方（图4.9.4）。

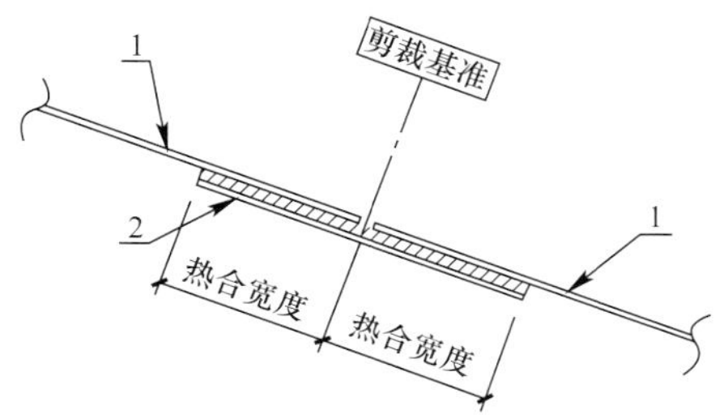

图4.9.3　单层膜对接连接节点（P类）
1—P类膜材；2—背贴条

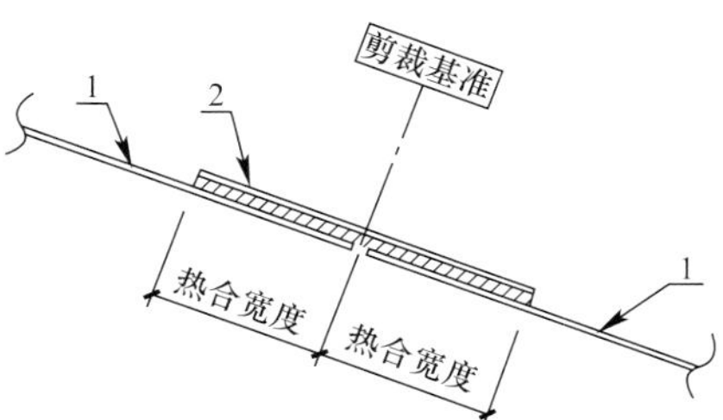

图4.9.4　单层膜对接连接节点（E类）
1—E类膜材；2—背贴条

气承式膜结构通常为单层，当有保温需求时，可采用双层构造。此时外膜和内膜在膜片连接处一并热合（图4.9.5）。气枕式膜结构通常为双层，当保温隔热要求比较高时，也可采用多层构造。外膜和内膜，多层时还有中间膜，一般在气枕的周边一并热合（图4.9.6）。

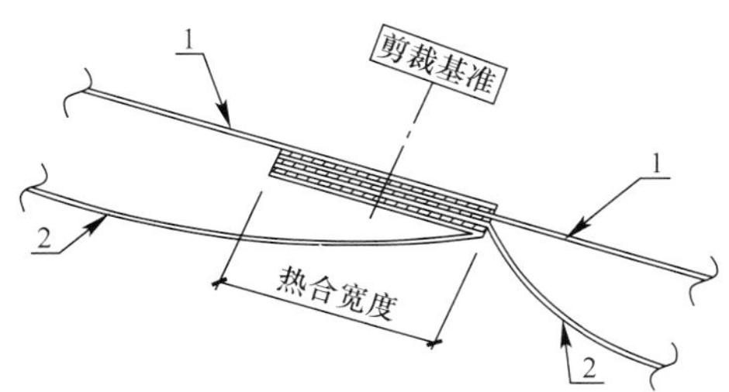

图4.9.5　双层膜搭接连接节点
1—外膜；2—内膜

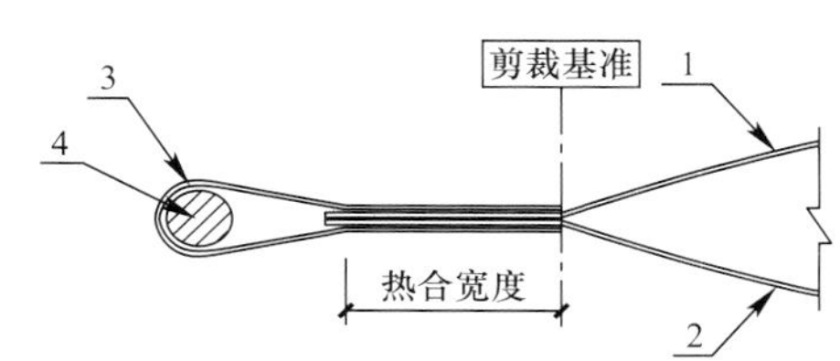

图4.9.6　双层膜收边连接节点
1—外膜；2—内膜；3—边膜；4—边绳

4.9.2　膜单元的连接构造

多个膜片热合连接后，并且进行收边处理形成的一个运输安装单元，称为膜单元。气枕式膜结构在设计时，通常不会把膜单元与膜单元设计为直接连接。但气承式膜结构当面积较大时，由于加工、运输，以及安装条件的限制，会把在工厂加工制作完成的多个膜单元，在施工现场直接进行连接。由于气密性的原因，膜单元与膜单元之间的连接，通常采用夹板连接，包括单层膜（图4.9.7）和双层膜（图4.9.8）。图4.9.9和图4.9.10分别展示了膜单元连接的室外和室内的效果。

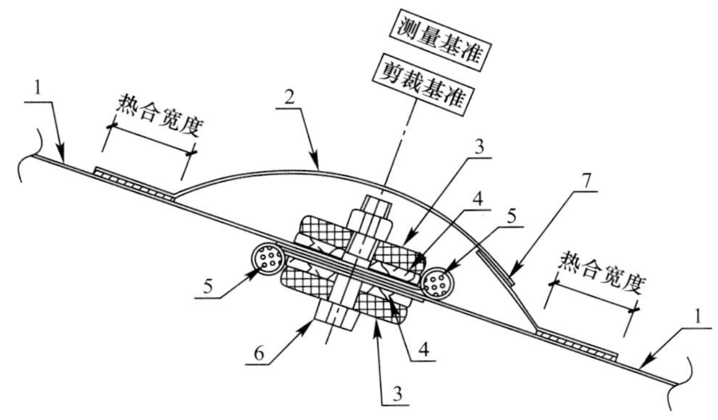

图 4.9.7 单层膜单元连接节点

1—膜；2—防水膜；3—铝压板；4—橡胶垫；5—边绳；6—不锈钢螺栓；7—粘扣

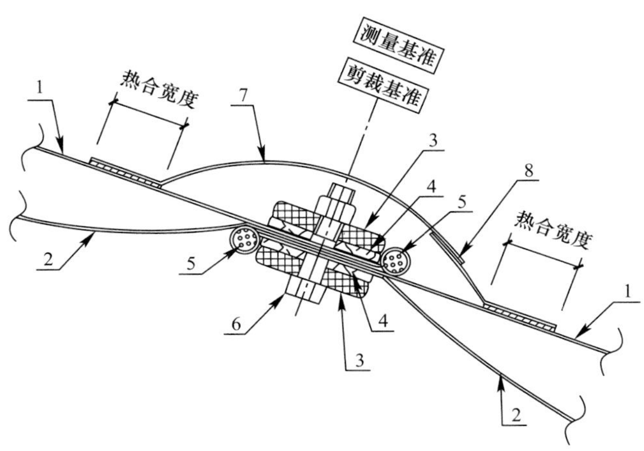

图 4.9.8 双层膜单元连接节点

1—外膜；2—内膜；3—铝压板；4—橡胶垫；5—边绳；6—不锈钢螺栓；7—防水膜；8—粘扣

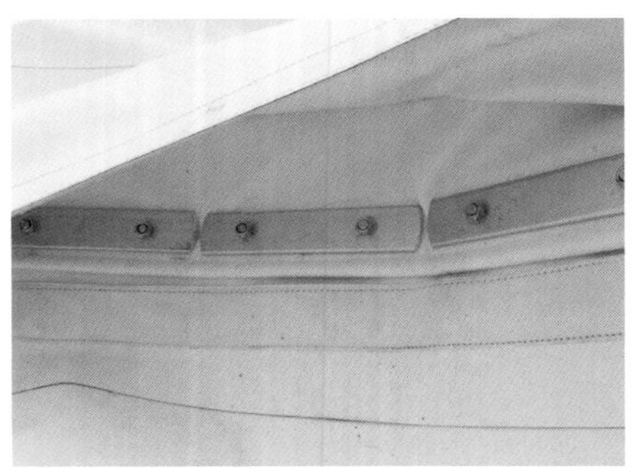

图 4.9.9 膜单元连接室外效果

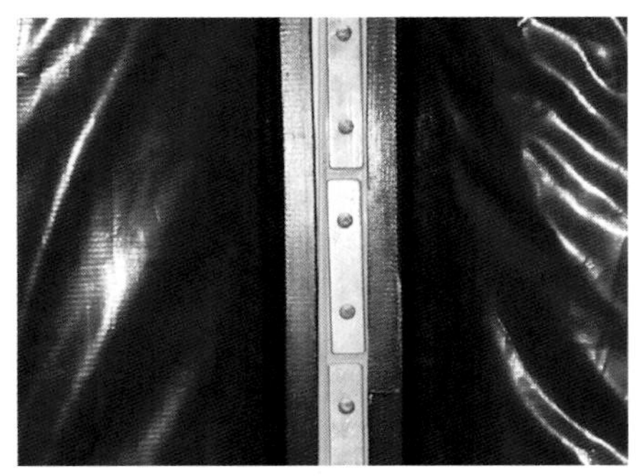

图 4.9.10 膜单元连接室内效果

4.9.3 膜单元与支承面的连接构造

一个膜单元或多个膜单元连接后，在充气前，需要与支承面连接。由于气承式膜结构的特殊性，节点连接构造除了满足受力要求外，还需要保证气密性。

气承式膜结构的膜单元与支承面的连接构造，通常采用以下三种方法：

（1）预埋铝槽（图 4.9.11、图 4.9.12）

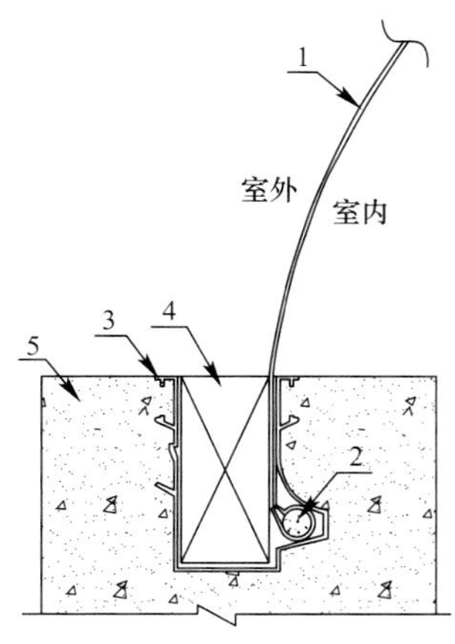

图 4.9.11 膜单元与支承面（铝槽）连接节点
1—膜；2—边绳；3—铝槽预埋件；
4—防腐木；5—混凝土

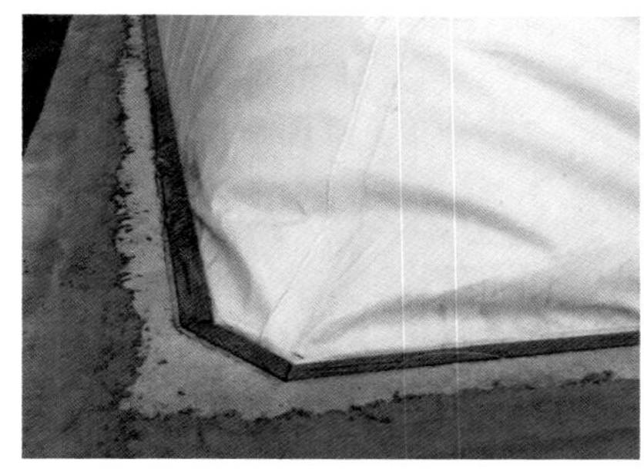

图 4.9.12 膜单元与支承面（铝槽）连接示例

（2）预埋锚筋（图 4.9.13、图 4.9.14）

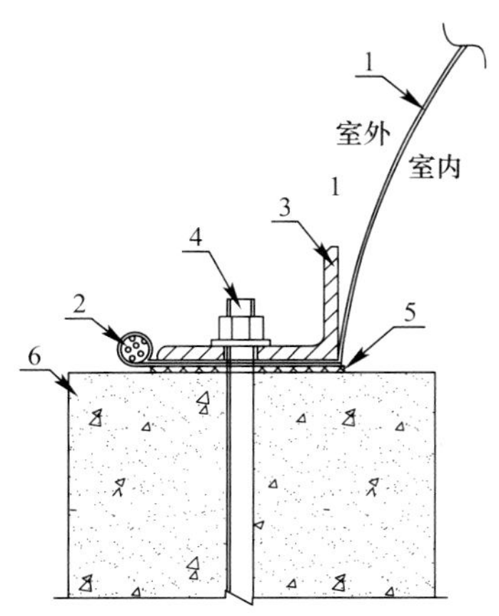

图 4.9.13 膜单元与支承面（锚筋）连接节点
1—膜；2—边绳；3—角钢；4—锚筋；
5—橡胶垫片；6—混凝土

图 4.9.14 膜单元与支承面（锚筋）连接示例

（3）预埋型钢（图 4.9.15、图 4.9.16）

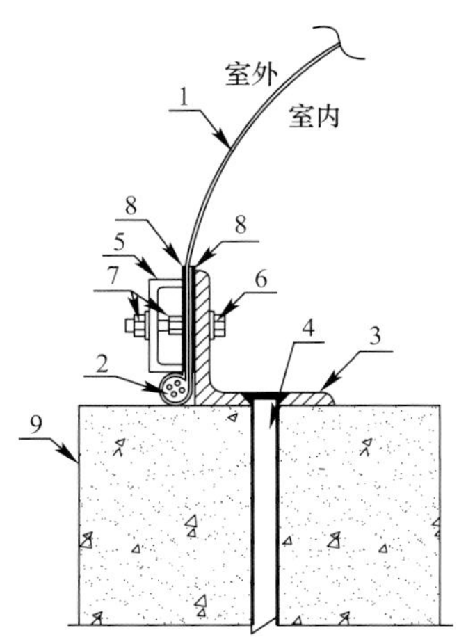

图 4.9.15　膜单元与支承面（角钢）连接节点

1—膜；2—边绳；3—预埋角钢；4—锚筋；5—槽型折弯件；6—不锈钢螺杆；7—不锈钢螺母；8—橡胶垫片；9—混凝土

图 4.9.16　膜单元与支承面（角钢）连接示例

气枕式膜结构的膜单元与支承面的连接构造，通常做法是在主结构上设计二次钢结构，膜单元再通过铝型材与二次钢结构连接（图 4.9.17）。

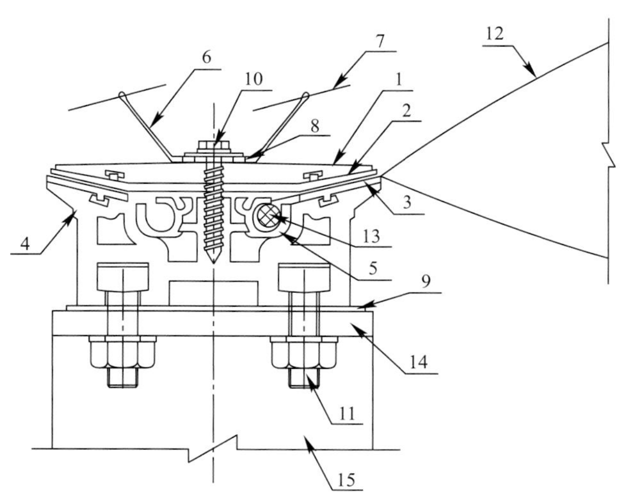

图 4.9.17　气枕式膜与支承面连接节点

1—铝型材；2—橡胶垫；3—橡胶垫；4—铝型材；5—铝型材；6—防鸟架；7—钢丝；8—橡胶垫；9—橡胶垫；10—自攻螺钉；11—螺栓；12—气枕；13—边绳；14—顶板；15—肋板

气枕与气枕之间通常有不设置天沟和设置天沟两种做法（图 4.9.18、图 4.9.19），示例如图 4.9.20 和图 4.9.21 所示。

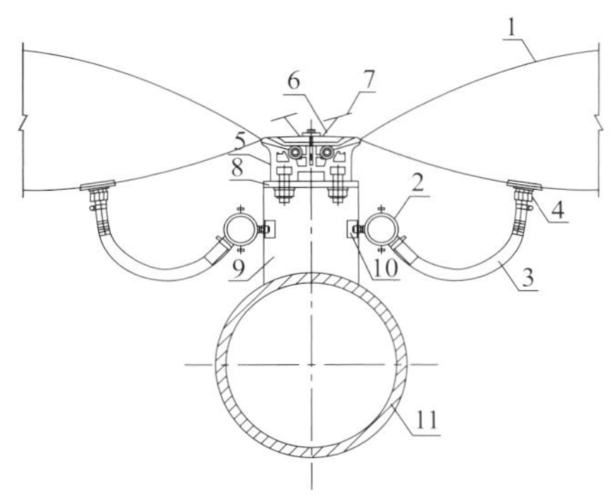

图 4.9.18 气枕单元之间连接（不设天沟）
1—气枕；2—送风管；3—软管；4—进气口；
5—铝型材；6—防鸟架；7—钢丝；8—顶板；
9—肋板；10—角钢；11—主结构

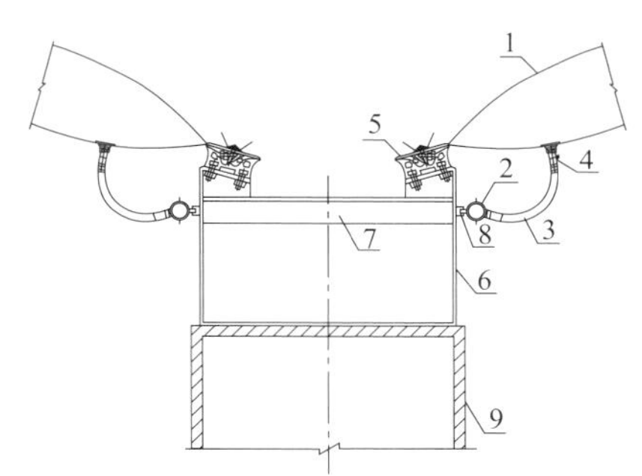

图 4.9.19 气枕单元之间连接（设天沟）
1—气枕；2—送风管；3—软管；4—进气口；5—铝型材；
6—天沟；7—拉筋；8—角钢；9—主结构

图 4.9.20 气枕单元之间连接（不设天沟）示例

图 4.9.21 气枕单元之间连接（设天沟）示例

4.9.4 拉索节点的连接构造

气承式膜结构在跨度比较大时，通常会采用索网加强，以控制膜面张力和结构变形。索网的布置方法通常有纵横向索网（图 4.9.22）和斜向交叉索网（图 4.9.23）。

图 4.9.22 纵横向索网布置

拉索的交叉节点在拉索连续时，可通过定制的索夹相互连接（图 4.9.24、图 4.9.25）。当相交的拉索数量比较多，或拉索方向比较复杂时，可把拉索分段，通过索夹盘相互连接（图 4.9.26、图 4.9.27）。

图 4.9.23 斜向交叉索网布置

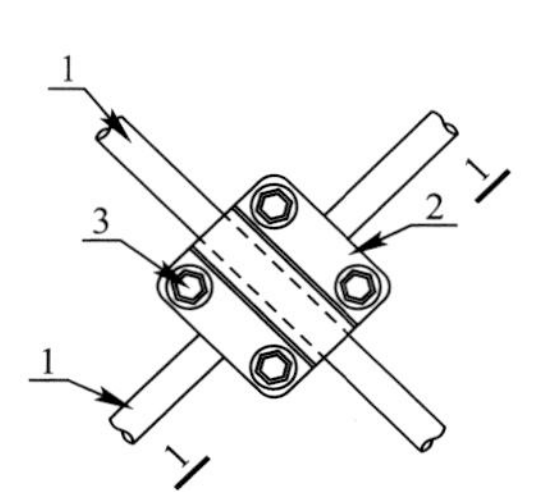

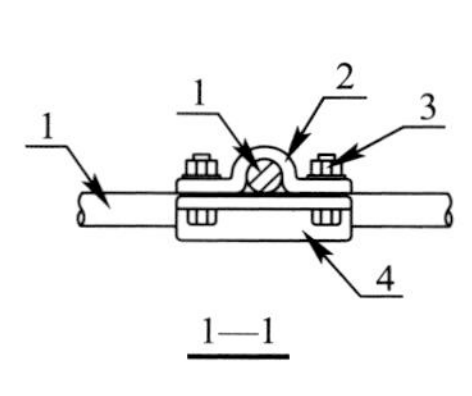

图 4.9.24 交叉拉索连接节点

1—拉索；2—上夹板；3—螺栓；4—下夹板

图 4.9.25 交叉拉索连接示例

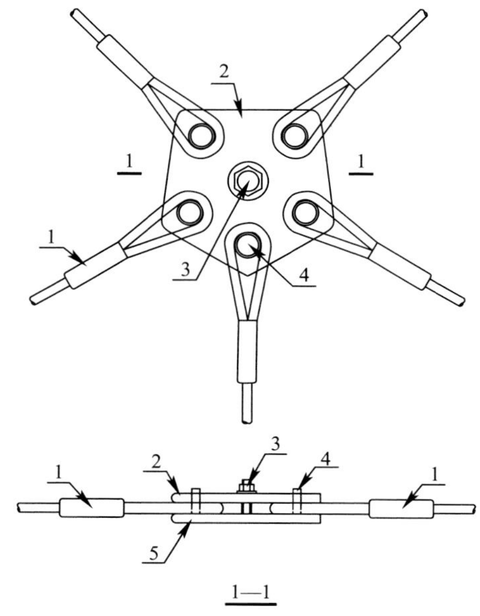

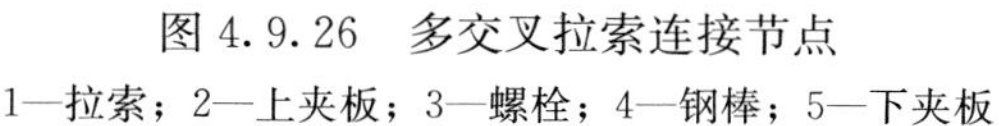

图 4.9.26 多交叉拉索连接节点

1—拉索；2—上夹板；3—螺栓；4—钢棒；5—下夹板

图 4.9.27 多交叉拉索连接示例

拉索与支承面的连接，在拉索连续的部位，可采用图 4.9.28 的方法，拉索通过螺栓和套管过渡，如图 4.9.29 所示。在拉索端头，预埋件可采用预埋耳板（图 4.9.30）或预埋锚筋锚板（图 4.9.31），锚具可采用单耳式（图 4.9.32）或叉耳式（图 4.9.33）。

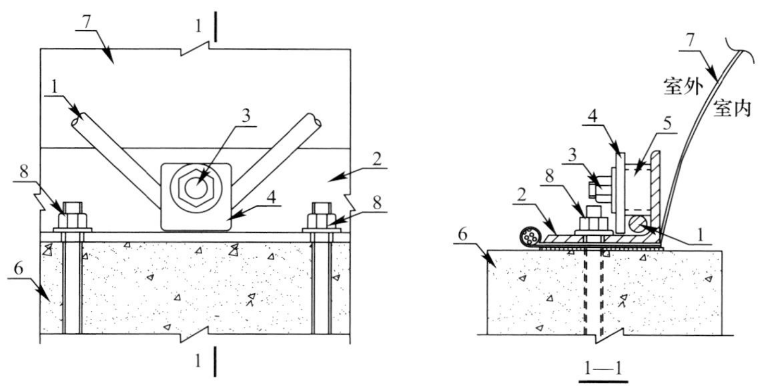

图 4.9.28 连续拉索与支撑面连接节点

1—拉索；2—角钢；3—螺栓；4—垫片；5—套管；6—混凝土；7—膜；8—锚筋

图 4.9.29 连续拉索与支撑面连接示例

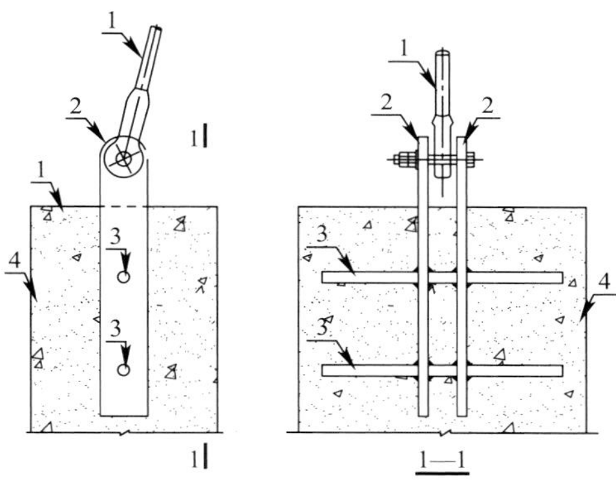

图 4.9.30 拉索端头与支撑面预埋耳板连接节点

1—拉索；2—耳板；3—圆钢；4—混凝土

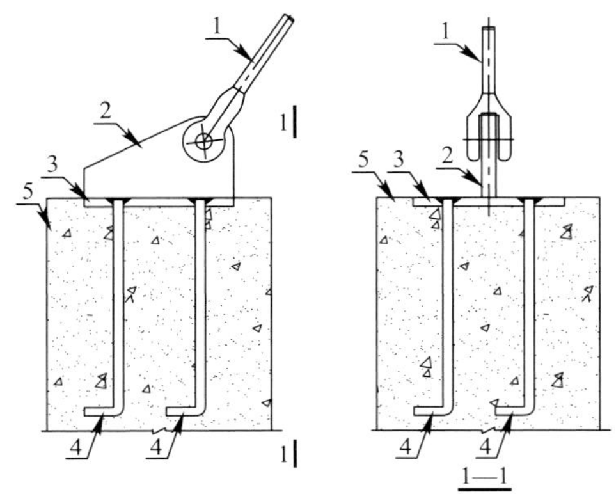

图 4.9.31 拉索端头与支撑面预埋锚筋锚板连接节点

1—拉索；2—耳板；3—锚板；4—锚筋；5—混凝土

图 4.9.32 单耳式锚具

图 4.9.33　叉耳式锚具

节点连接构造是膜结构设计的重要环节，不仅影响建筑的美观，而且影响构件制作、安装、受力、造价等。节点连接构造应能清楚地表明传力路线，并且具有足够的强度、刚度、耐久性，保证不先于主体材料和构件破坏。

充气膜的节点连接构造，具体形式很多，并不限于本节所述内容。应根据具体的建筑造型、结构形式、膜材种类、使用条件等因素，灵活设计。

第5章 施　工

5.1 加工

对于充气膜结构，结构类型不同，其加工工艺也有别。充气膜结构主要由膜体、边框（气枕）、索网（气承式膜结构）、照明、充气（通风）设备、控制系统几大部分组成，本节主要介绍膜体部分的加工，其他部分加工应满足设计文件或相应国家、地方技术标准要求。

5.1.1 加工前的准备

1. 裁剪图的交底

膜体加工前，要对膜材加工负责人进行裁剪图技术交底，使其了解膜体加工中需要特别注意的问题。裁剪图技术交底主要包括以下内容：

（1）裁剪图概况，包括所使用膜材料的特点、膜单元分布情况及误差要求；

（2）膜单元中膜片的热合及搭接顺序；

（3）特殊节点或部位的做法；

（4）加工完毕后膜体的打包顺序等。

2. 膜材查验与检测

膜材料在加工下料前要进行检测，主要项目包括材料抗拉强度和外观检测。抗拉强度采用单轴或双轴拉伸试验机进行检测，测试结果要满足设计文件要求；膜材表面可使用灯箱和目测相结合进行查验，不应有针孔、断丝、裂缝和破损现象，无明显褶皱、明显污渍，还要无明显色泽差异。

3. 裁剪与热合设备

为提高裁剪精度和效率，建议使用大型自动裁剪机（图 5.1.1）进行膜材的裁剪。正式裁剪前，宜采用相同的材料进行圆形或多边形试裁，以检验裁剪机的可靠性及裁剪精度。

由于 ETFE 容易被利器划伤，因此 ETFE 加工应有专用的工作台，严禁在地面进行拖曳操作。

对于气承式膜结构，由于膜单元面积比较大，建议采用大型轨道行走式射高频 PVC 热合设备（图 5.1.2）进行热合。

图 5.1.1　大型自动裁剪机

4. 热合参数确定

膜体在热合前，应根据设计图纸进行相应的热合工艺试验，如二层、三次或多层试验（图5.1.3），通过焊缝外观质量确定适当的热合参数，包括热合压力、电流、时间、温度等参数。当试件焊缝的剥离面积达到或大于90%时，对试件进行拉力试验，取焊缝强度不小于母材强度的80%时的参数作为热合参数。

图5.1.2　大型轨道行走式热合机

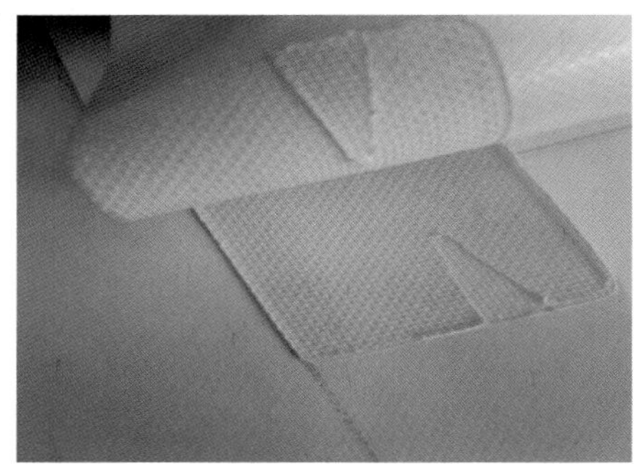

图5.1.3　试件焊缝热合剥离

5.1.2　膜材加工

1. 膜材的裁剪下料

将裁剪数据或图形输入自动裁剪机电脑并进行核对，根据膜材料的幅宽、长度，采用自动、手动相结合的方式合理排料，手动主要解决微调，以达到最高的使用率。

设定裁剪压力、裁剪的起始位置、裁剪速度等，以达到最佳的裁剪效果。通过软件自动保存当前设置的数据，以备同样的膜材料再次裁剪时使用。

膜材在台面展开时应尽量铺平，不应有明显褶皱，经真空吸附后自然展平于台面上。台面上分布均匀的小孔，供气泵抽真空时吸附台面上的膜材。应定期用毛刷清洁台面和小孔，以免小孔堵塞，影响膜材料的平整展开和裁剪效果。

开机裁剪过程中，应始终有随机人员查验机头观察设备工作是否正常。设备正在裁剪时，严禁在台面上拾取已裁剪好的膜片，待设备裁剪工作停止后再操作。

图5.1.4　PVC膜材打磨机

经裁剪后的膜片应全部进行尺寸检验，除特殊要求外，当膜片尺寸不小于10m时，尺寸误差应控制在±6mm之内；当膜片尺寸小于10m时，尺寸误差应控制在±3mm之内。

2. 裁剪片的打磨

对于P类膜材，面层通常有PVDF或PVF涂层，需要打磨涂层以便膜材热合焊接，打磨需用专用打磨机（图5.1.4）。但也有些膜材无需打磨就可以焊接。对于需要打磨焊接的膜材，焊接前应对裁剪后的膜片进行焊缝的打磨，通过反复试验调整打磨砂轮的间隙得到最佳高度，在确保不可焊面层打磨干净的情况下尽量保证涂层的厚度，不允许打磨到基布。

打磨质量以直接观察为宜，以无 PVDF 涂层亮点、无裸露布基为优良。如出现 PVDF 亮点要进行二次打磨，如出现轻微布基裸露，应进行热合试验，在不影响焊缝强度、外观质量时，可视为合格。

热合试验应根据试件焊接剥离情况，调整打磨机的压力参数，直到取得最佳热合效果确定打磨参数，方可进行本工程膜片的正式打磨。

焊缝打磨宽度与设计焊缝宽度尺寸误差应小于±0.2mm。

3. 裁剪片的热合

根据图纸膜片的焊接方式及层数，按照试验得到的相应热合参数进行膜片的热合工作。把待热合的膜片按设计顺序和方向进行摆放，热合要从膜片焊缝中心向两端进行。最后进行补强挖洞、圈边等细节部位加工处理形成成品膜单元。

膜单元在制作过程中必须用专用工具牵拉、移动，并做好保护，防止膜片在加工过程中受到损伤。

热合后的膜单元表面不得有污渍、划伤和破损现象。热合缝宽度误差不应超过设计值的 2%；膜单元周边尺寸误差不应超过设计值的±1%。

5.1.3 膜单元的包装与运输

1. 膜单元的包装

包装前要对检验合格的膜单元正反面逐次进行清理，可使用中性洗涤剂进行清擦，不得使用酸、碱性强的化学品及含研磨成分的去污粉类物品。清理后膜面不得留有粘胶痕迹、画线痕迹、污渍、尘土等。

包装时膜单元应按现场安装需要的展开顺序合理折叠，用干净、无污染、不掉色的包装膜（布）裹严密实并捆扎牢固。标识应放置在外包装的醒目位置上，标识内容应包括工程名称、膜单元编号和膜单元的展开方向等信息。

2. 膜单元的运输

膜单元的运输应用专用车辆，并采取可靠措施保证膜包裹与运输工具之间不发生相对移动和撞击，膜单元之间不得相互叠压，不得与其他物品混装运输。

5.2 安装

充气膜结构的安装应在施工现场准备完成并具备安装条件以后，在良好的天气条件下，配备适当数量的安装工人完成现场施工过程。充气膜结构的现场施工主要包括安装前的准备、安装（膜单元主体、设备、各种进出门、索网等）、充气与调试、照明和保温安装、培训和移交等过程，其施工流程图如图 5.2.1 所示。

1. 安装前的准备

充气膜结构安装要采用合适的安装方法，制定合理的安装方案。施工过程中各个设备的安放、门禁系统的安装、膜材的搬运与展开、现场的实际状况和安装期间的气候条件，都应该在安装方案中考虑周全。

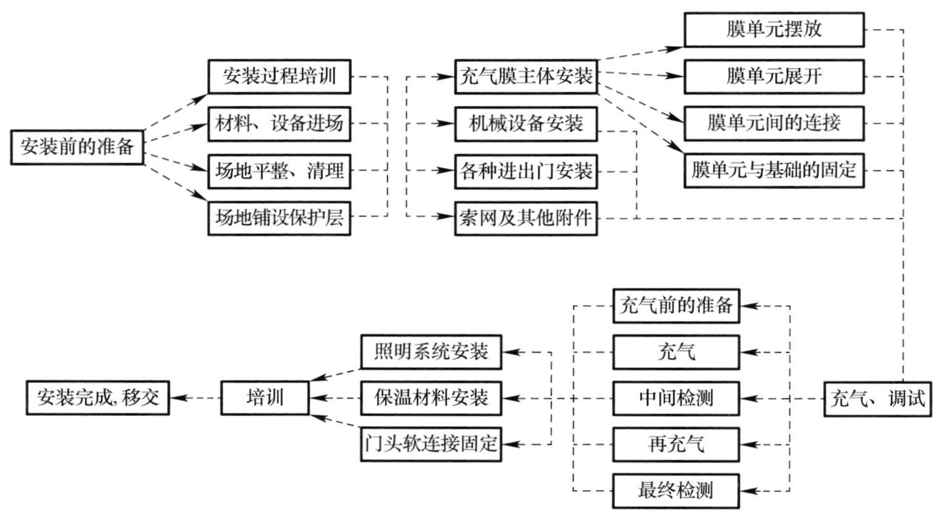

图5.2.1　充气膜现场施工流程图

主要安装人员应经过相关工程的培训并取得相关的安装经验。在安装之前，项目经理要仔细复核安装方案和施工图纸的内容，掌握整个工程的各个安装细节，并对全体安装人员进行培训和指导。

充气膜的安装应具备良好的天气条件。《膜结构技术规程》CECS 158 中规定："当风力达到四级或气温低于4℃时，不宜进行膜单元安装；当风力达到五级以上时，严禁进行膜单元安装。"

安装现场，内部的场地空间已经平整好，最好进行硬化处理，能够将膜材主体展开并拖拽到周圈的基础或混凝土梁的位置处。为了防止划伤或污损主体膜材，现场宜铺设光滑、平整、不褪色的防潮保护膜，膜单元的展开及拖拽都应在保护膜上进行。要避免施工场地中尖锐物体对膜单元的划伤，所有尖锐物体都应进行有效的保护。

在安装之前，要仔细核查支承结构的定位准确性，所有的基础和预埋件按图纸施工完毕并验收合格。如果基础与膜结构主体通过预埋铝槽和防腐木的连接形式，铝槽内部要清理干净。送风风道内要清理干净，无积水、施工垃圾等异物堵塞。现场的各种机械设备的阀板及应急门、旋转门、互锁门的平台都已清理和验收完毕。

如果充气膜结构需要固定连接在钢构件上，钢构件应已安装完毕并满足现行国家标准《钢结构工程施工质量验收规范》GB 50205 的有关规定。

按施工图纸的要求将所有膜单元分缝处的位置等关键尺寸做好标记。

所有的膜材、钢索、连接附件、门禁设备、机械和电气设备都要运抵现场，并检查是否有损伤情况，并进行相应的处理。

安装之前，还要对所有的安装人员进行相应的安全培训，确保在安装过程中遵循相关的安全规章制度。

2. 应急门和人员、车辆（设备）进出门的安装

应急门的安装，首先要将应急门安放到施工图纸上规定的位置并进行锚固（图5.2.2）。

在确保应急门水平度和垂直度满足要求，且门板能正常开启的情况下，将应急门门体与混凝土底板之间进行固定，然后将门体外侧的钢结构斜撑分别与门体的框架和外伸的混凝土阀板连接固定。

应急门固定后还要将应急门框架下部及两侧与结构阀板、基础梁之间的缝隙进行密闭处理。

人员进出门（包括平开门、旋转门等）安装之前，要将门体的框架施工完成，并测量好预留门洞和安装空间是否能满足人员进出门安装的需要，然后将人员进出门安装在预留好门洞的混凝土、钢结构的框架上（图 5.2.3）。

图 5.2.2　应急门的安装

图 5.2.3　旋转门的安装

为保证车辆（设备）进出时充气膜良好的气密性，车辆（设备）进出门通常安装在较长通道的两端（图 5.2.4），通道一般采用钢结构框架、混凝土框架等结构形式建造。在安装车辆（设备）进出门前，要确保通道结构已经按相应的规范施工完毕。车辆（设备）进出门有较高的安装精度要求，应需要专业的工人来装配和安装。

3. 机电设备的安装

充气膜结构的机电设备包括充气控制设备、备用发电机、控制柜、空调模块机组等。

充气控制设备到现场后，首先应进行开箱检查，依据供货合同和设备装箱单，清点数量；然后根据施工图纸，核对设备的名称、型号、机型、电机、传动连接方式等，还应检查外表是否有明显变形或锈蚀、碰伤等。检查核对数据，应做好记录，填写《设备开箱记录表》，并由建设单位代表、供货商、施工方共同签字，检查资料作为竣工资料备用，应做好保存。设备开箱检查完毕后，符合要求的设备做好保管或直接搬运至现场安装。

按照施工图纸及配置清单要求将备用发电机、控制柜、空调机组等设备吊装至准确的施工位置，就位后用专用配件将各设备与基础阀板固定连接（图 5.2.5）。设备的各个部件之间要留有足够的工作空间，便于进出和调试、维护和后期的维修保养。

按照施工图纸及配置清单要求，将充气控制设备的各功能段吊装至准确的施工位置，就位后用专用配件将各功能段连接，设备与混凝土基础之间进行密封，防止漏风。

由于充气控制设备、发电机、控制柜和空调机组等设备专业性较强，为保证设备能够正常安全有效运行，设备的安装调试由充气膜供应商的专业技术人员进行，并且在安装调试工作完成前，非充气膜供应商的专业技术人员、任何单位和个人不得接触设备。

图 5.2.4 车辆（设备）进出门的安装

图 5.2.5 机械和电气设备安装

4. 膜单元的安装

对于气承式或气肋式膜结构，为便于加工、运输和现场的安装，一般将充气膜的膜结构主体分为几个膜单元（图 5.2.6），单个膜单元的重量通常在 2～4t 左右，外包装上要标明膜单元的编号及展开方向。按照设计图纸的膜单元平面布置图和膜片打开与展开方向，用叉车或吊车将每个膜单元摆放至相应的位置和方位。

依次将膜单元按外包装上标示的方向展开。膜单元多采用人工展开，根据膜单元尺寸不同，展开通常需要几名甚至几十名安装工人（图 5.2.7）。展开后的膜单元拖曳至场地中平铺开来，应注意各个膜单元的分缝处标记、各个门洞连接处及到基础梁的位置准确到位。

图 5.2.6 膜单元的摆放

图 5.2.7 膜单元的展开

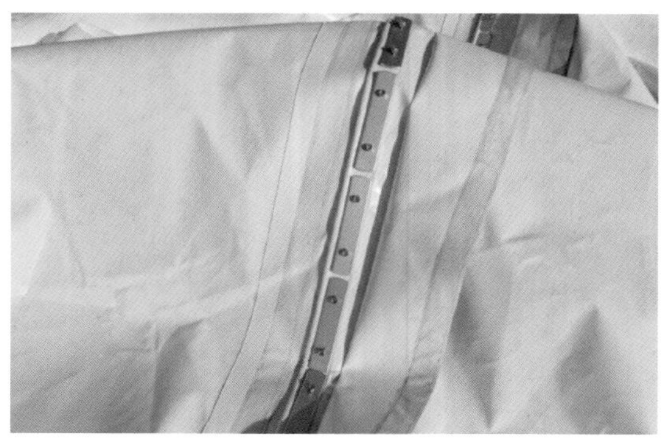

图 5.2.8 膜单元之间的连接

展开后的膜单元之间按设计要求用铝合金压板及螺栓（或其他要求的连接件）进行连接（图 5.2.8）。周边固定到混凝土基础的铝槽中或钢连接件上（图 5.2.9）。

对于 ETFE 气枕，首先应进行铝合金型材的安装，然后安装 ETFE 充气管道，并对管道的气密性进行测试，最后安装 ETFE 气枕。原则上气枕需要一次安装与充气，尽量避免所有气枕同时充气。采用同时充气方案，充气时间相对较长，当出现极端状况时，存在安全风险。

(a)

(b)

图 5.2.9 膜单元与基础连接安装

(a) 膜单元与基础周圈铝槽固定；(b) 膜单元与基础周圈钢构件固定

5. 索网安装

气承式膜结构主体膜外附加有索网时，按施工图纸和施工组织设计的要求将每根拉索牵拉到位，进行连接、卡紧、固定。安装索网前，所有的膜单元需要连接、固定到位。本书以工程中应用最多的纵横向索网和斜向（包括正交布置和测地线布置）索网的安装为例加以说明，其他形式的索网安装工序可参考该类索网。

（1）纵横向索网安装

图 5.2.10 为纵横向索网的平面布置图，图 5.2.11 为纵横向索网钢索及索具大样图。

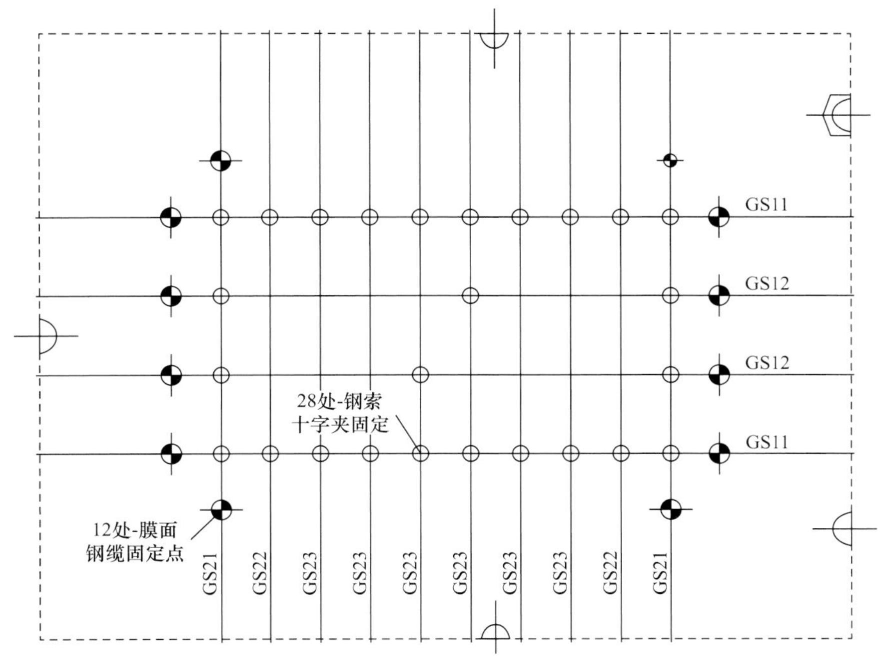

图 5.2.10 纵横向索网平面布置图

将每根编号的钢索按设计位置索引、展开，覆盖在膜面上部。膜面上焊接有钢索限位点时，还要将钢索穿过限位环。按设计图和钢索上的标记位置将索交叉的节点相互卡紧固定，将两端的锚具叉耳与预埋的钢结构耳板销接连接。安装钢索时，应注意对下部膜的保护。

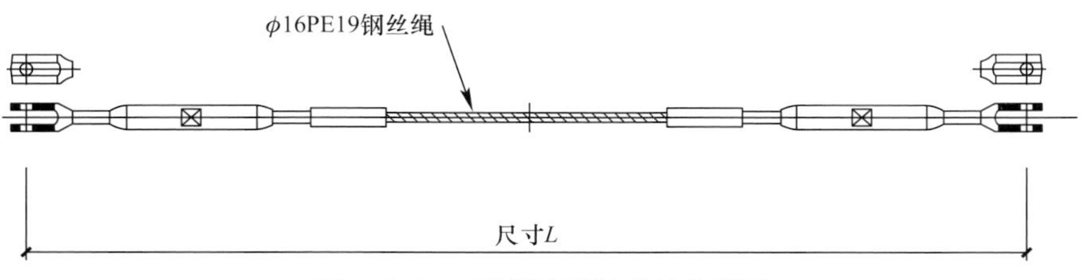

图 5.2.11 钢索及压制索具大样图

（2）斜向索网安装

因为钢索的数量相对较多，索与索的连接固定点也较多，斜向索网（包括正交布置的斜向索网和测地线布置的斜向索网）的安装相对较为复杂。

图 5.2.12 为斜向索网的基本分区图（根据工程的尺寸和现场的安装条件，可以增加更多的分区），索网安装首先要将每个分区的钢索编织固定成网，然后再将各个区分的索网连接成一体。

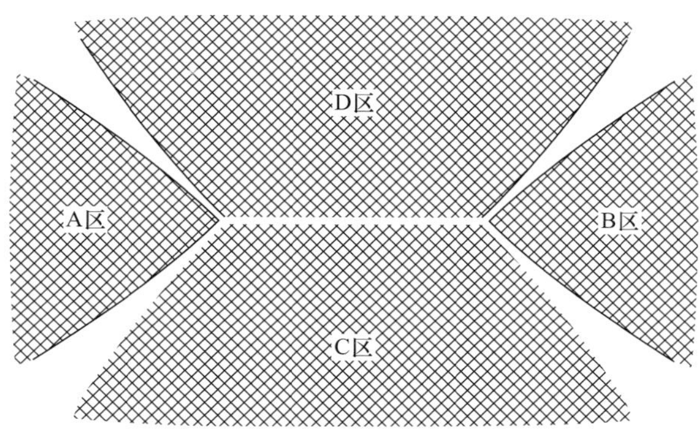

图 5.2.12 斜向索网平面分区布置图

图 5.2.13 为斜向索网单个分区的平面布置图。根据分区的大小不同，分区索网的编织通常有两种方式，一种是提前在工厂或其他场地上将单个分区的索网编织好，整体运输至现场，铺展在膜面上相应的设计位置；另一种是直接在施工现场的膜单元上进行索网的编织固定。

图 5.2.13 斜向索网单个分区平面图

每个分区的索网就位后，将各个分区的索网之间通过连接件和螺栓进行连接固定，将索网的周圈也与基础梁上相应的构件进行连接固定。

5.3 充气与调试

在门禁系统、机电设备、膜主体及索网安装完成后，充气膜结构还需要有一个充气和调试的过程。充气和调试，是充气膜结构施工中非常重要的一个环节。

充气和调试也需要有较好的天气条件，当风力达到四级时，不宜进行充气施工；当风力达到五级及以上时，严禁进行膜结构充气施工。

1. 充气前的准备

充气膜充气之前，应检查膜单元之间的连接和主体膜材与基础的连接情况，检查所有钢索的连接情况，确保所有的边界及连接节点满足设计要求；并应对所有的设备（包括充气控制设备、备用电源、各个应急门和人员、设备进出门等）及相关配套设施进行安装调试，确保这些设备都能正常工作。

充气前要对周边的环境进行检查，膜在充气过程中有一定的摇摆晃动，对有危及到膜安全的建筑物、构筑物或其他物品要进行有效的保护。

虽然建议膜的充气过程不宜超过 4 个小时，但充气还是宜选择在早晨或上午开始，一旦充气和调试过程中有延误或问题发生，也会有足够时间来进行处理。

2. 充气与调试

充气膜结构的充气与调试过程分为以下几个步骤：

（1）开始充气：膜结构主体安装完毕并准备就绪后，为了尽快完成充气的过程，所有的风机需要同时打开运行。在这个过程中，安装人员应不间断地对各处连接情况、膜结构主体充气状况和设备运行情况进行查看，确保没有错误或其他异常的情况出现。膜结构主体充气升起的过程中（图 5.3.1），还要有足够的检查人员沿周圈仔细观察，确保膜体的各个部分都不会碰到围栏、门及框架、机电设备等，需要的时候暂停充气，清除障碍。整个充气的过程通常在 2～3 个小时内完成，需要时可增设临时充气风机。

图 5.3.1 充气过程

（2）中间检测：当充气压力达到 60～100Pa 时，膜结构主体基本成形，保持压力，再次对膜结构主体、膜面拉索、各进出门及配套的框架、机械和电气设备等各处连接和设备运行进行仔细的检查，发现异常的情况要及时进行处理。膜结构与各个出入口框架或设备需要进一步连接的地方会有较大的漏气间隙，在膜单元与这些出入口框架或设计连接固定完毕前，先要对这些漏气的间隙及时进行临时封堵。

（3）再充气：所有检查出现的问题解决后，继续充气至设计压力。

（4）最终检测：充气完成后，充气膜结构要维持在最大设计压力至少一个小时以上才能切换为自动控制的状态，在此期间，要按照本指南第 6 章使用与维护中列表的项目对充气膜结构的各个部分进行检查和检测。

以上是充气膜结构充气与调试施工过程的简单描述，但实际上从开始充气到最终检测完成需要一个较长的时间，在这期间还需完成以下工序：

（1）各个异常漏气的洞口或间隙封堵；

（2）检查充气膜内其他构筑物与膜主体的间距；

（3）各个进出门在压力作用下是否都能正常工作；

（4）控制系统运行中各种故障调试；

（5）检查中发现的其他问题等。

3. 充气后的安装

（1）各门洞处的细部处理

充气膜结构膜主体与各个进出门框架（或其他设备）之间通常通过软连接（图 5.3.2 中的门帘膜）进行连接固定，膜主体开洞口处通过门边钢索及索具进行加强，门边钢索从门洞周圈加焊的索裤套中穿过并与锚固基础梁上的钢索连接件连接在一起。钢索和软连接固定连接好以后，还要仔细检查门头各处是否有异常漏气的地方，进行严密封堵。

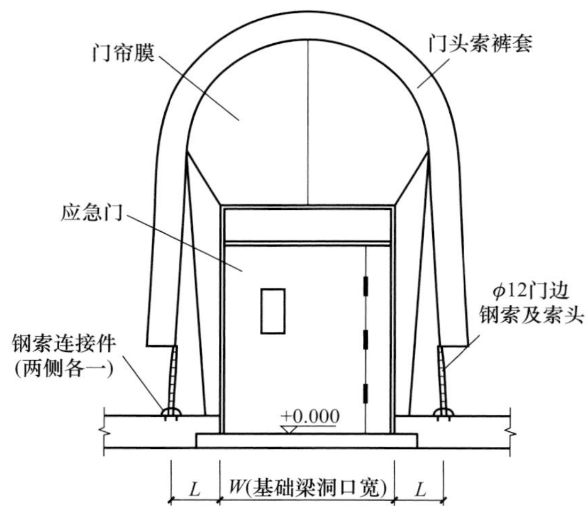

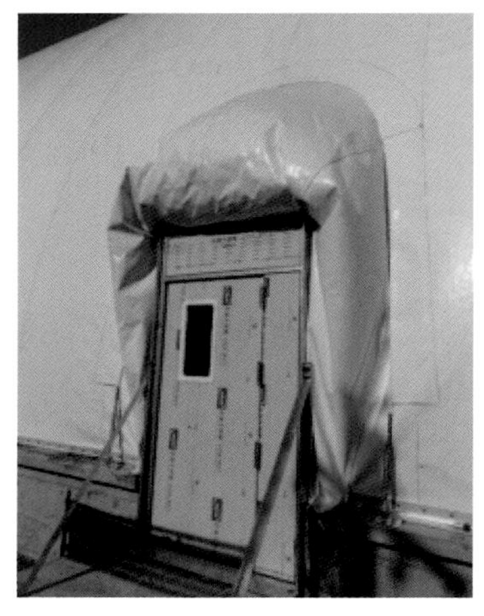

图 5.3.2　门头的连接固定

以上连接和封堵工作完成以后，就可以按照膜材上的画线位置将膜单元上进出的洞口裁剪出来，裁剪时内膜要预留足够的放量，待保温材料安装完毕后将其与外膜焊接在一起进行洞口包边处理。图 5.3.3 即为开洞并包边处理后的效果。

（2）保温材料安装

当充气膜的外膜和内膜之间需要衬有保温材料时，在充气的最终检测完成之前，还要进行保温材料的安装（图 5.3.4）。保温材料需要安装在外膜和内膜之间的空腔中，安装时先在室内场地上将保温材料的顶部用夹具夹紧，然后用卷扬机或人工的方法将其从内外膜空腔的下部吊拽至空腔的顶部处，固定在该处已经焊接预留的吊挂点上。

保温材料的安装有高空施工的危险，个别安装工人需要使用脚手架、升降机或者蜘蛛车在充气膜内的顶部处作业，要确保施工过程中人员、设备的安全。

图 5.3.3 门洞内侧开洞包边后的效果

图 5.3.4 保温材料安装

(3) 配电及照明系统安装

充气膜内部的配电及照明系统包括悬吊式（或立柱式）照明系统、应急指示灯、应急照明灯、人员（车辆进入口）照明以及相应的配电箱、电气综合布线等。

充气膜内部配电及照明系统按照国家标准《建筑工程施工质量验收统一标准》GB 50300 中有关建筑电气照明部分的有关规定进行安装。图 5.3.5 为配电与照明系统的安装工艺流程图。

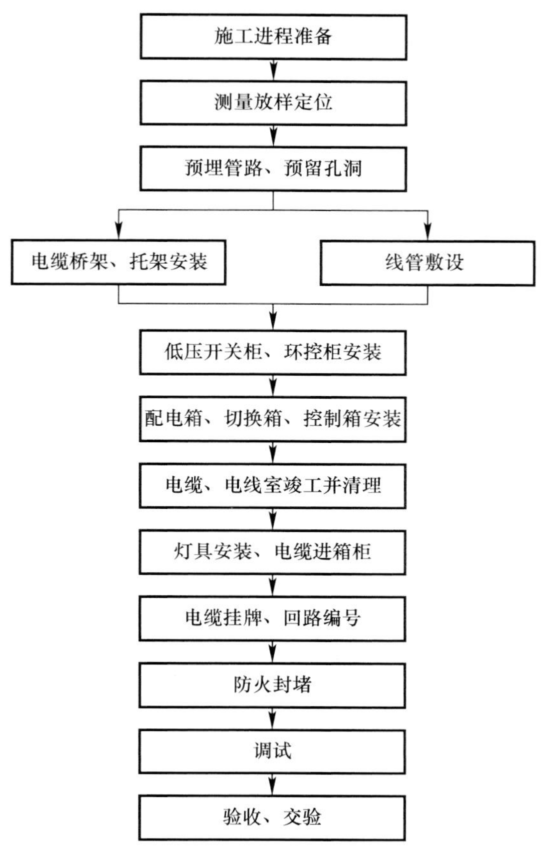

图 5.3.5 配电及照明安装工艺流程图

照明和电气施工属于专业施工，并且也有高空作业的危险，要由专业施工人员持证上岗，并确保施工过程中人员、设备的安全。

4. 安装完成

以上所有的充气、安装和调试完成之后，应将充气膜结构控制系统切换到自动状态下运行。

5. 培训

安装完成以后，应为业主或使用方提供充气膜结构的使用与维护手册，并对其指定的后期使用操作人员就充气膜结构的使用与维护进行培训，并移交给业主或使用方。

充气膜结构的使用与维护手册应包括充气膜结构各组成部分介绍及使用说明，控制系统、充气设备、备用电源的操作方法，还要包括当出现故障或报警信息时的紧急处理程序，另外还要有充气膜的维护和定期检查记录。

6. 验收

根据现行国家标准《建筑工程施工质量验收统一标准》GB 50300 的规定，膜结构可按（子）分部工程进行验收。

与充气膜结构相关的钢结构分项工程的验收，应按现行国家标准《钢结构工程施工质量验收规范》GB 50205 执行。与膜结构相关的索结构分项工程，可参考现行国家行业标准《索结构技术规程》JGJ 257 执行。充气膜结构电气安装分项工程应按现行国家标准《建筑电气工程施工质量验收规范》GB 50303 执行。充气膜结构组合式空调机组分项工程应按现行国家标准《通风与空调工程施工质量验收规范》GB 50243 执行。

充气膜结构（子）分部工程验收时，应提供下列文件和记录，并经检查符合《膜结构工程施工质量验收规程》规定的质量要求：

（1）充气膜结构工程竣工图及相关设计文件；

（2）技术交底记录、施工组织设计；

（3）膜材、钢材、索材及其他材料的产品质量保证书和设计要求的检测报告；

（4）有关安全及功能的检验和见证检测项目检查记录；

（5）有关观感质量检验项目检查记录；

（6）（子）分部工程所含各分项工程质量检验记录；

（7）分项工程所含各检验批质量检验记录；

（8）重大质量、技术问题的处理方案和验收记录；

（9）不合格项的处理记录及验收记录；

（10）其他必要的文件和记录；

（11）充气设备的说明书及合格证明文件；

（12）结构在常规和紧急情况下的操作和维护手册。

第 6 章 使用与维护

6.1 概述

合理的使用和维护对保证充气膜结构的使用寿命具有重要意义，充气膜结构的膜结构主体、索和索网、基础锚固、门禁系统、送风和自动控制系统以及其他所有的附加设备都必须保持良好的运行状态，这就需要操作和维护人员严格按照生产商提供的使用与维护手册进行操作和维护。

充气膜结构要定期进行检查和维护，日常情况下要养成巡视检查的习惯，此外还有每周检查、月度检查和年度检查等，当有恶劣天气发生时，还要增加暴风雪后的检查维护。

6.2 维护内容

充气膜的使用和维护主要围绕以下几个方面来进行：

1. 保证充气压力处于正常的范围

充气压力是充气膜结构正常运行的关键因素，运行时的压力应该保持在设计压力范围之内，这样才可以保证结构的稳定性，防止结构在大风和雪荷载下有过大的位移或产生结构破坏。

充气压力是否正常、是否一直保持在设计压力的范围之内，跟锚固状态、充气设备、控制系统、备用电源和充气膜结构本身等都紧密相关，日常的使用和维护过程中要保证这些部分一直处于良好的运行状态。

2. 保证所有的门禁系统处于正常的状态

充气膜结构因为其结构特性要求其一直处于相对密闭的状态，进出充气膜结构需要经过特殊设计的人员进出门和车辆进出门，同时也设置了紧急状况时才能使用的应急门。在日常使用中，要检查这些门禁系统是否都处于正常状态。

3. 保证膜结构主体不被破坏

在充气膜结构和其内部其他构筑物之间要保留适当的安全距离。充气膜结构是通过位移来重新分布作用在结构上的荷载，因为结构是柔软可变的，充气膜结构的位移也会比传统的刚性结构要大。通常建议在离膜面预先估算的两倍位移的范围内不要放置任何物体。在膜结构主体内部所有具有尖棱的设备和物体（比如竖直的管子、边缘锋利的架子等）及建筑处，要注意用垫子保护和隔离，避免接触并划伤膜结构主体。

国内外很多经验数据，预估了一些常规形状和尺寸的充气膜结构在风荷载和雪荷载作用下的变形值。但充气膜结构的位移从来都不是统一的，结构局部地方的位移可能会超过那些数据。那些较大尺寸或特殊形状的结构，更需要按严格的理论计算来确定结构的变形数据。

针对充气膜结构不同的组成部分，具体的维护内容如下：

1. 充气设备

充气设备是否能正常运转直接关系到充气膜结构能否维持正常的充气压力。充气设备的维护内容主要有以下几项工作：

（1）要确保电机、风机及配件性能完好，能正常运转。

（2）除必要的新风、回风及送风口外，设备机箱要保证密闭。

（3）新风入口处不要有树叶、纸屑或积雪的堵塞。

2. 控制系统

控制系统的维护内容主要有以下几项工作：

（1）控制系统的电子元器件正常无损坏，机箱及温度控制状态正常。

（2）差压变送器等关键性的仪器仪表要定期进行检测和校正。

（3）差压变送器、风速仪等传感仪器、仪表正常无故障，压力传送管道无堵塞，变频器和各报警设备等功能完好。

3. 备用电源

备用电源的维护内容主要有以下几项工作：

（1）备用电源在断电的情况下能自动启动。

（2）要保证备用电源有足够的燃料储备，蓄电池能正常工作。

4. 基础锚固

所有的基础锚固处都要稳固可靠，根据需要进行调整，以确保充气膜结构能牢固地连接到基础上并保证结构的密封。如果发现锚固处在过度的荷载作用下出现松动或抬起的情况，必须立即进行维修。

5. 膜材的修补

膜材损坏后要进行及时的修补（这非常重要），强风和大雪会对膜面产生很大的局部压力，如果损坏处有一个小的裂缝或磨损，就有可能在重压下造成大范围的扩展和撕裂。充气膜结构的施工方要为业主提供修补的工具和少量的原始膜材并介绍修补膜面的方法。要把这些工具和材料固定存放于阴凉干燥的位置，以便在需要的时候可以及时使用。修补一个膜材上的小缝很简单，只需要几分钟的时间即可。

6. 膜面的清洁

膜面上污垢的堆积与当地的环境条件、膜材特性和膜面的形状有关。从技术的角度看，膜结构不一定需要清洗。对于大多数膜材而言，清洗不能延长其工作寿命，相反，不恰当的清洗还会缩短其寿命。

为了便于清洁，在设计阶段应考虑设置清洗人员上膜面的通道和便于安全绳固定的连接件。清洗工作应该按照膜结构施工方提供的操作手册进行。

清洁时应该保证不破坏 PVDF 或 PVF 等涂层膜材的表面处理层。因此，不可使用擦洗济、强溶剂、硬刷和高压水枪。此外，清洗人员在屋面行走时必须穿软底鞋。膜面在潮湿状态下会很滑，清洗人员应使用安全绳等安全措施。

膜面的清洗一般选用专用的膜材清洗剂，与家用肥皂或餐具清洁剂相比，一般的膜材清洗剂通常是相对安全的，但也必须避免其与皮肤、眼睛和粘膜的长期接触。必须严格遵守清洗剂供应商提供的安全使用说明。

7. 索及索网

膜面的加强拉索或膜体开洞处的附加钢索应具有适当的拉力，并紧固在设计位置，不会出现松弛或大位移的偏移现象。索体或索具应具有良好的保护，不会出现腐蚀及锈蚀的现象。

8. 连接节点

连接节点及连接位置处应保证正常的密闭性，无过度的空气泄漏。连接节点还应保持正常的连接状态，螺栓等紧固件无明显的松弛现象。

9. 送、回风风道

所有的送、回风风道应保持干燥、通畅，无异物和积水堵塞。应确保风道内防水或保温处理层无大面积脱落等情况出现。

10. 门禁系统

所有的门体都能正常运转，门体的框架及支撑应稳固锚固。互锁式气闸门的互锁装置能正常工作。各门禁处无明显异常的空气泄漏。

应急门仅作为紧急情况下的应急逃生通道，不能把应急门作为人员进出的正常通道使用。

11. 异常的空气泄漏

除了基础锚固、门禁系统、连接节点外，还要确保结构的其他部位没有明显异常的空气泄漏。

6.3 检查和记录

1. 检查项目

为了保证整个充气膜结构能够正常地运行，要进行定期的检查。如果做不到这些，一些生产商会宣布免除他们的保修责任。具体的检查措施由使用者决定，但是应该具体制定每周、每月、每年的定期检查项目以及暴风雪后的随时检查项目。

下面列出了一些常规的检查项目，这些项目关系到整个系统能否稳定和高效地运行，需要进行仔细的检查和维护，检查应该定期进行，至少每月检查一次，当然，如果能每周检查一次则更好。

常规检查项目列表 **表 6.3.1**

位置	检查项目
充气设备	检查风机箱，不要有树叶、纸屑及雪的堵塞
	检查风机和电机的传送皮带，如果需要进行替换和调整
	全方面地检查电机和风机的运行状态
	如果需要，给电机和风机轴承加润滑油
	检查备用风机是否能正常启动

续表

位置	检查项目
控制系统	控制柜温度控制是否正常
	检查充气压力是否和设计要求的压力一致
	控制系统电子元器件是否正常无损坏
	各传感仪器、仪表是否正常无故障，报警设备是否功能完好
备用电源	检查备用电源的燃料储量和蓄电池是否正常
	定期断电测试发电机能否自动启动
基础锚固	结构周边的每个锚固点是否安全、稳固
	检查地基或地面条件是否破坏
主体膜材	检查主体膜面是否有洞口、裂缝或其他损坏，检查焊接、缝合、连接、窗洞等处是否损坏。如果有，要立即修补
	检查开洞口处的膜面是否有过度的应力集中
	检查是否有材料堆积在离膜面比较近的距离，材料和灯具与膜面的距离应该不小于 1m
索及索网	检查索网是否出现松弛或大位移的偏移现象，是否需要调整
	索体或索具是否出现腐蚀及锈蚀的现象
连接节点	检查连接节点处的构件或紧固件是否有脱落或松弛，如果需要的话，进行加固和维修
送、回风风道	送、回风风道是否干燥、通畅，无异物和积水堵塞
	风道内防水或保温处理层有无大面积脱落等情况
门禁系统	检查门禁及支撑构件是否水平、稳固地锚固在地基上
	检查气闸门的互锁装置是能否正常操作
	检查门体开洞口处的膜面是否有过度的应力集中
空气泄漏	检查在基础周边、附属构件连接位置、门禁周围是否有异常的空气泄漏。要及时用聚乙烯、胶带或其他嵌缝材料对异常的空气泄漏处进行密封处理
	检查膜面上所有的管道，确保无异常漏气

2. 定期检查制度

空气支承膜结构能正常运行并保持最佳状态是与良好的维护工作分不开的，维护工作按周期分为日常维护、每周维护、月度维护和年度维护。

日常维护内容主要包括气压检查、温度设置（采暖季）、积雪状况（冬季）、耗电量记录、天气情况记录、照明系统状态及膜结构主体（包括膜面、门禁、锚固等）检查等。

每周维护在完成日常维护的前提下，主要包括门禁系统、锚固系统、气压和风速监测、充气设备、控制系统备用电源等。

月度维护和年度维护是在完成每周维护的前提下，均主要包括充气设备、备用电源、控制系统等检查。

3. 暴风雪后的检查

除正常的定期检查之外，暴风雪天气之后也必须对充气膜结构的各个系统进行必要的检查，这类检查必须在暴风雪后的 24 小时之内进行。

暴风雪后的检查主要包括以下内容：

（1）膜结构主体是否出现撕裂、洞口等破损情况；

（2）膜面是否有积水积雪现象，结构周围是否有积雪、异物堵塞情况等；

（3）加强拉索及索网是否有断裂、松弛、脱销等异常情况；

（4）锚固系统是否抬起、变形；

（5）结构内部充气压力是否正常；

（6）各个部位是否有异常的空气泄漏；

（7）新风口是否有树叶、纸屑等堵塞情况；

（8）充气设备、备用电源、控制系统是否都能正常工作。

4. 检查记录

所有的定期检查和暴风雪后的检查都应按表 6.3.2 或其他的形式记录下来。使用方至少要保留本年度及之前两年的月度和年度检查记录。

不同的生产商会制定不同的记录表格，但一般都会包含本章所列常规检查项目。

充气膜结构维护检查记录 **表 6.3.2**

日期		记录人		天气情况	（如：雨、雪、风力、冰雹、温度、湿度）		
压力设置（Pa）		室内温度		室内湿度		采暖或制冷状态	
主体结构维护、检查、检修情况							
主体结构膜材膜体检查、铝槽、防腐木、配套钢缆、铝板连接件、膜体与各连接部位							
自动门、应急门、应急灯、各配套功能门							
室内保温棉、照明系统							
设备及控制系统维护、检查、检修情况							
室外设备平台主配电柜、照明控制柜、照明装置柜运行状态							
机械单元内主控制柜运行状态							
主风机及电机、备用风机及电机运行状态							
采暖设备及制冷设备运行状态							
备用发电机控制系统运行状态							
智能管理系统运行状态							
室内压力管、报警功能运行状态							
发电机测试							
机械单元内各级过滤器运行状态							
机械单元内交换盘管运行状态							
机械单元内风阀、风扇及排风状态							
极端及恶劣天气应注意室内压力设置及变化							
维护、检查、检修结论及其他问题汇总：							

第 7 章 典型工程案例

7.1 气承式膜结构

7.1.1 中央电视塔职工健身中心气膜馆

该工程位于北京市海淀区中央电视塔西侧，采用气承式膜结构，长 57m，宽 50m，高 17m，建筑面积 2850m²。图 7.1.1 所示为该气膜馆的建筑平面、立面及剖面图。工程于 2014 年 6 月竣工，图 7.1.2 为工程实景照片。

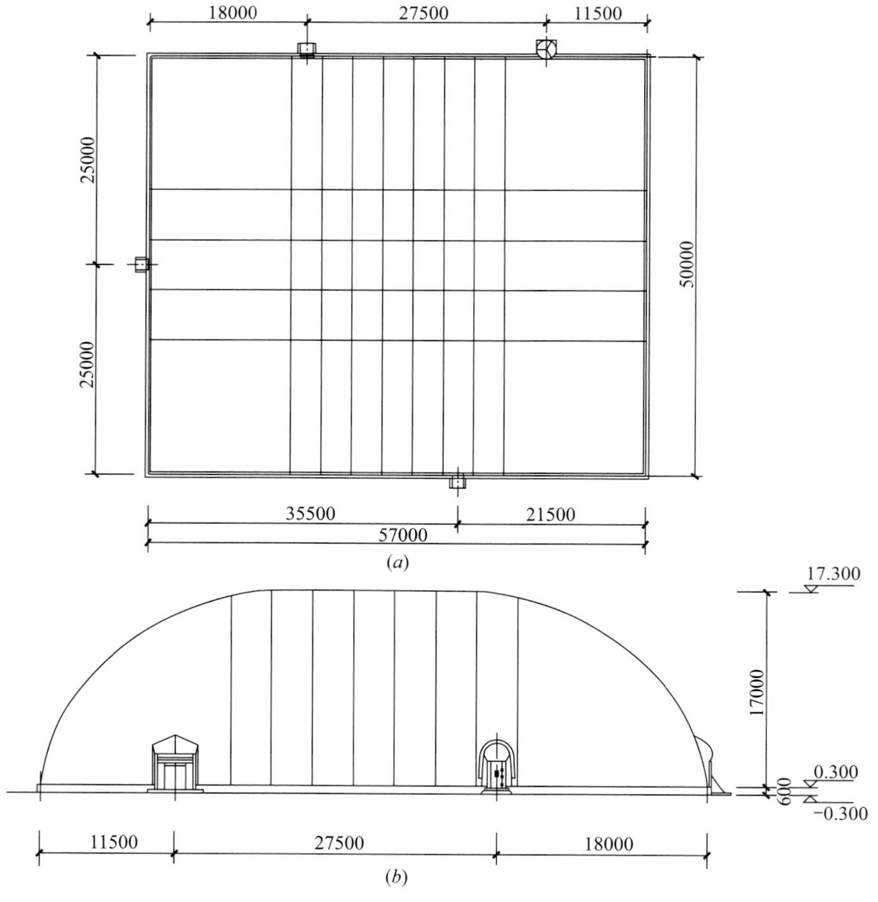

图 7.1.1 气膜馆的建筑平面、立面及剖面图（一）
(a) 建筑平面图；(b) 建筑立面图

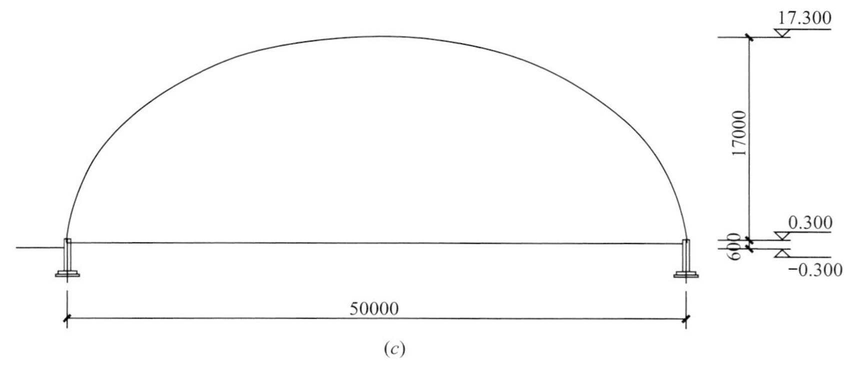

(c)

图 7.1.1 气膜馆的建筑平面、立面及剖面图（二）
（c）剖面图

(a)

(b)

图 7.1.2 工程实景照片
（a）鸟瞰实景照片；（b）室内实景照片

1. 材料选择

外膜膜材选用具有 PVF 表面处理层的白色/绿色聚酯纤维建筑膜材，拉伸强度不小于 4500/4500N/5cm；膜材质量为 1050g/m^2，防火性能符合《建筑材料及制品燃烧性能分级》GB 8624—2006 B 级要求。

内膜膜材选用 650g/m^{2}的白色/绿色（下部墙裙部分）聚酯纤维膜材，正、反两面亚克力处理，表面光洁，防火性能符合 B 级要求。

保温材料选用 75mm 厚外覆铝箔布的绝热用玻璃棉制品，符合国家标准《绝热用玻璃棉及其制品》GB/T 13350 的规定。保温系统构造如图 7.1.3 所示。

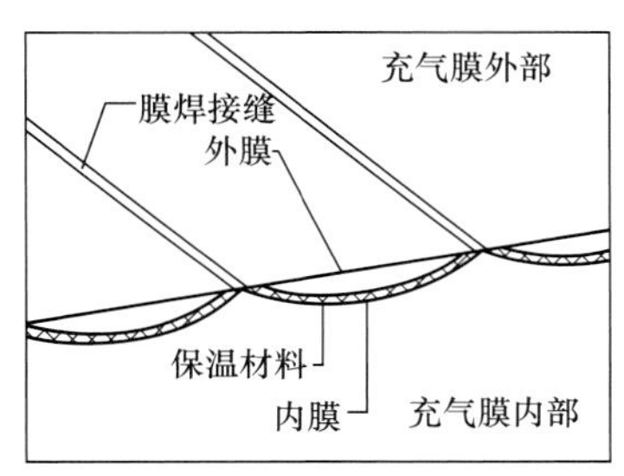

图 7.1.3 保温系统的典型节点

采用4根纵向、8根横向拉索组成的纵横向索网对膜结构进行加强，索网横向间距3.65m，纵向间距6.00m，如图7.1.1所示。拉索采用1680MPa级ϕ16PE19钢丝绳，镀锌压制索具。

2. 荷载分析

本工程正常工作时内压取200Pa，风荷载和雪荷载作用时工作内压为400Pa。

雪荷载取0.4kN/m^2，基本风压取0.45kN/m^2，风振系数取1.2，地面粗糙度类别B类，体型系数参考《建筑结构荷载规范》GB 50009选取。

考虑以下4种荷载组合进行计算：

（1）组合一：恒荷载＋内压（200Pa）

（2）组合二：恒荷载＋内压（400Pa）＋雪荷载

（3）组合三：恒荷载＋内压（400Pa）＋X向风荷载

（4）组合四：恒荷载＋内压（400Pa）＋Y向风荷载

结构分析结果如下：

工况组合一：膜面的最大应力为4.5kN/m，索网的最大内力为15.10kN（图7.1.4a）；

工况组合二：膜面的最大应力为13.5kN/m，索网的最大内力为31.90kN（图7.1.4b）；

工况组合三：膜面的最大应力为19.8kN/m，索网的最大内力为76.20kN（图7.1.4c）；

工况组合四：膜面的最大应力为16.5kN/m，索网的最大内力为78.90kN（图7.1.4d）。

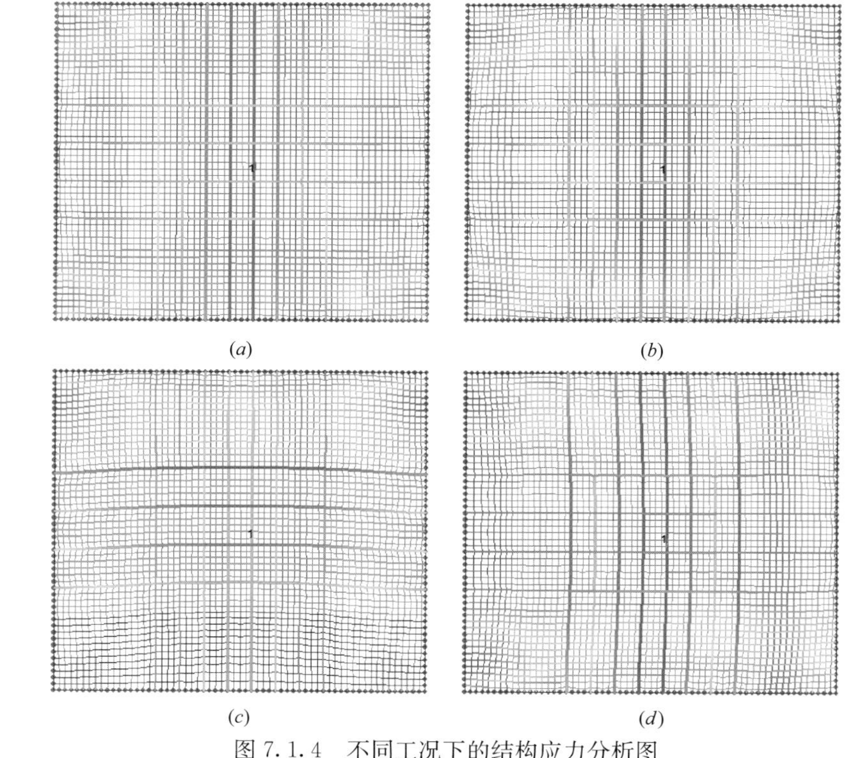

图7.1.4　不同工况下的结构应力分析图

（a）组合一；（b）组合二；（c）组合三；（d）组合四

图7.1.5（a）为充气膜结构在风荷载作用下的位移图，最大位移为1.45m。图7.1.5（b）为充气膜结构在雪荷载作用下的位移图，最大位移为1.1m（图中蓝色部分为变形前形状，

红色部分为变形后形状）。

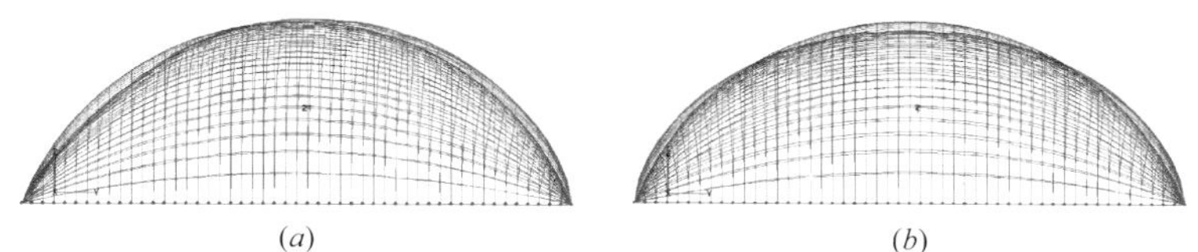

图 7.1.5 结构位移图
（a）风荷载下的位移图；（b）雪荷载下的位移图

3. 裁剪设计

膜单元裁剪采用平面裁剪法进行膜片展开，裁剪缝的平面布置如图 7.1.6 所示。

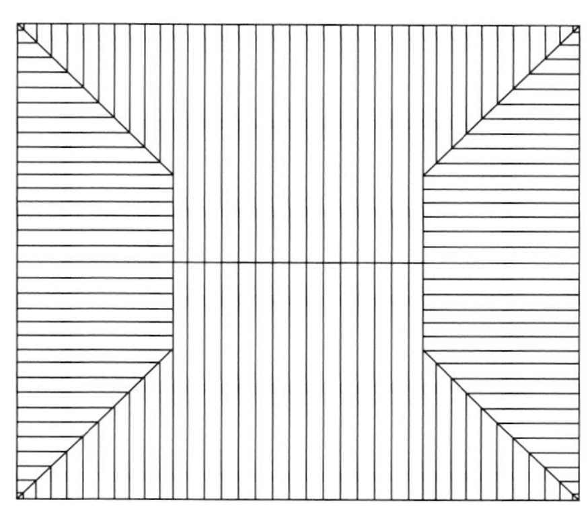

图 7.1.6 裁剪缝平面布置图

4. 典型节点

膜单元裁剪片采用高频热合连接，如图 7.1.7（a）所示。为方便运输，膜结构主体在车间加工时共分为 3 个单元。现场安装时，膜单元之间通过铝合金压板和不锈钢螺栓进行连接，如图 7.1.7（b）所示。

气承式膜结构的主体与基础地梁连接采用铝槽防腐木的基础形式（图 7.1.8a），这种节点具有气密性好、搭建快捷的特点，能将膜材的张力均匀分摊到基础地梁上。气膜主体与配套服务用房的连接处，先将镀锌拉膜钢板通过锚栓、预埋钢板锚固在服务用房的梁上，然后采用不锈钢螺栓及铝合金压板将气膜主体连接到镀锌角钢上，如图 7.1.8（b）所示。

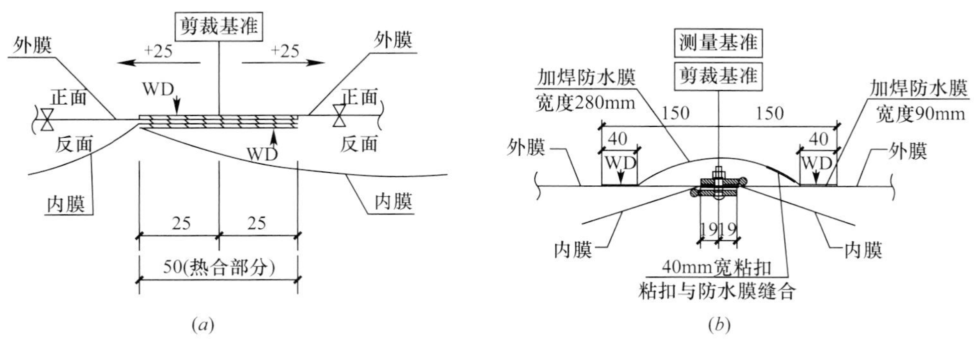

图 7.1.7 膜单元连接节点
（a）裁剪片热合节点；（b）现场连接节点

5. 门禁系统

气膜馆共配备了一套旋转门和三套安全门，如图 7.1.9 所示，满足场馆人员进出和安全疏散的需要。

气膜馆采用旋转门能满足人员不间断地进出场馆的需要，适合人流量比较大的场馆使用。但基于气膜馆内部气压高、需要密闭的特点，需要专业定制和加强。该旋转门直径 3m，四翼手动，门体采用钢化玻璃，门框采用不锈钢拉丝处理，整体通透美观。

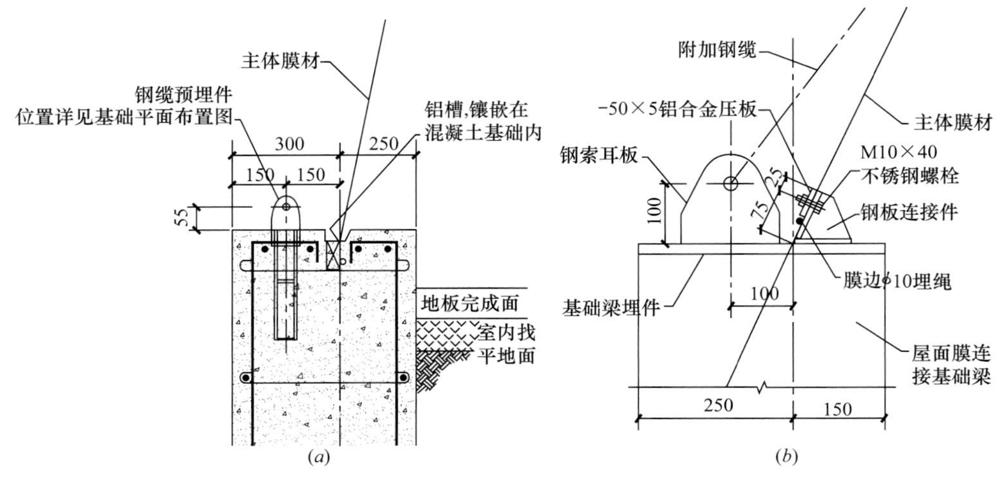

图 7.1.8　基础锚固节点

(a) 主体膜材与地梁的连接；(b) 主体膜材与服务用房的连接

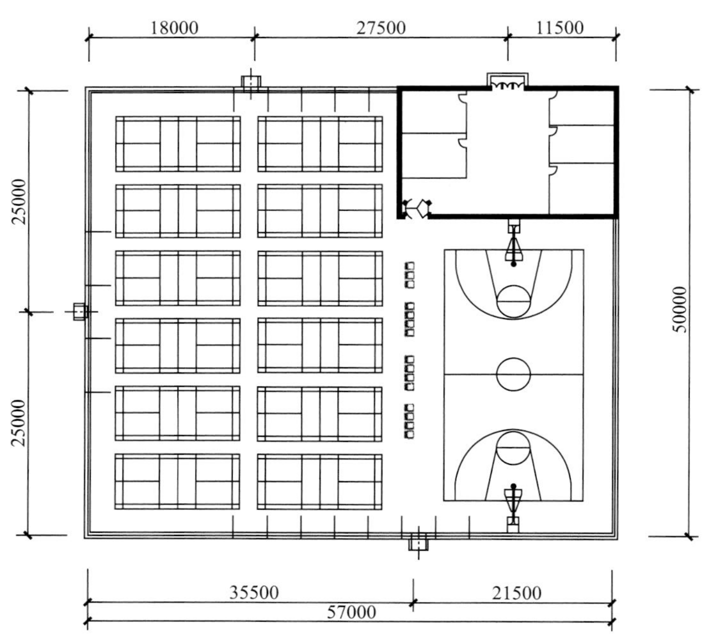

图 7.1.9　场地平面布置图

安全门也是针对空气支承膜结构的特点专业定制，为具有自动回弹功能的气压平衡门，推动固定在门体中部的推杠锁，安全门即可轻松外开。安全门采用 5mm 热镀锌钢板门框，铝制或拉丝不锈钢门板，门内设保温层。安全门含防爆观察窗、可调式通风百叶窗。在非紧急疏散的情况下，安全门必须保证处于关闭状态。

6. 馆内照明

馆内采光采用 42 套落地式反射照明灯具，无炫光、均匀舒适，馆内水平照度不小于 500Lx。

7. 机械单元成套设备

充气系统采用专业设计定制的机械系统，集成了新风、调压、温控、安全管理等功能单元，具备风机、电源、风阀、控制系统 4 重安全保险机制，保障气膜系统的绝对安全。系统有两台大风量供风机组自动变频运行，互为备份，自动切换交替值班运行。机械设备均采用室外防腐防雨静音机箱，确保设备在各种天气条件下都能安全、高效运行。

备用能源采 30kW 静音型柴油发电机，带自动启动、自动切换功能。

8. 控制系统

采用自主设计制作的智能化控制系统，以确保充气系统安全、稳定运行。本系统采用 PLC 系统变频控制风机运行，自动控制充气膜充气压力保持在设计压力的范围之内。系统具有手动、自动切换功能，正常情况下，处于自动运行状态，当需要检修时，可以人工切换到手动运行状态。控制系统还具备压力自动控制、温湿度监测、风速监测、雨雪监测等功能。当发生非正常状况时（如充气压力不正常、发生故障等）会自动报警。此外，本系统还配置上位机系统，通过电脑 24 小时监测系统运行状况，并进行数据统计与分析。

9. 施工过程

本工程主要施工过程如下：

（1）施工现场按设计图纸进行土建施工，并预埋铝槽、钢索预埋件等。

（2）现场施工的同时，在车间进行膜单元裁剪、下料，并按照图纸的节点做法进行热合加工。

（3）充气设备、控制系统、门禁系统、照明灯具、膜连接辅件等采购、制作和加工。

（4）清理现场，准备安装。

（5）安装旋转门、应急门，安装充气设备和控制系统。

（6）将膜单元吊装到位，并展开连接到基础处，将各膜单元之间用铝合金夹片连接起来，将膜单元周边连接固定到基础梁上的铝槽中。

（7）按设计图纸将纵横向索网连接固定。

（8）进行充气、调试，在这个过程中同时检查各个设备是否工作正常。

（9）充气完成后，将各个门头处软连接固定到相应的门框上。

（10）安装保温材料，安装电气照明系统。

（11）完成安装，进行工程验收。

7.1.2 北京某国际学校气膜运动馆

1. 工程概况

本工程为北京某国际学校综合运动馆，可进行足球、篮球、网球、羽毛球等运动项目教学及比赛，还可用于节日会场等用途，竣工时间 2011 年 9 月。建筑轮廓尺寸为 48m 长、34m 宽、13.65m 高，气膜运动馆东南角与原有土建结构会所连接。气膜馆立面图和实景照片分别如图 7.1.10、图 7.1.11 所示。

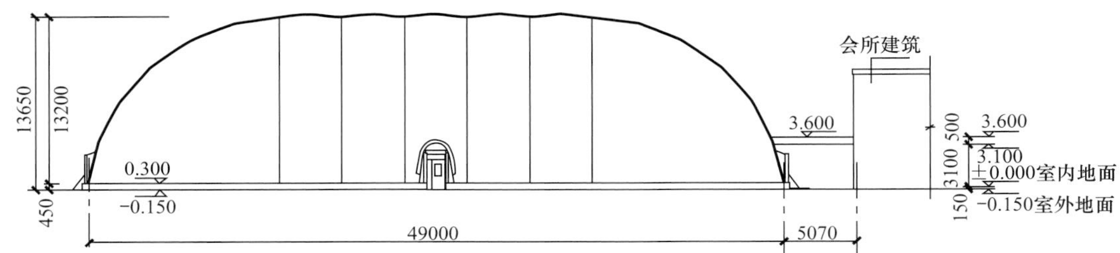

图 7.1.10 立面图

(a)

(b)

图 7.1.11 气膜综合馆实景照片

(a) 外景；(b) 内景

2. 设计说明

本工程设计所参照的规范包括：

◆ 美国土木工程协会空气支承建筑规范（ASCE 17-96）

◆ 建筑结构荷载规范（GB 50009）

◆ 膜结构技术规程（CECS 158）

◆ 建筑抗震设计规范（GB 50011）

◆ 建筑照明设计规范（GB 50034）

◆ 公共建筑节能设计标准（GB 50189）

◆ 建筑设计防火规范（GB 50016）

荷载取值情况：设计基准期 50 年，抗震设防烈度 8 度，基本风压 0.45kN/m^2，基本雪压 0.40kN/m^2。

室内设计参数：夏季 24～26℃，冬季 18～20℃，湿度 40%～60%RH。

容纳人数：100 人，人均新风量不小于 30m^3/h。采用风冷式冷水机组制冷，制冷量 65kW；采用空气电加热器采暖，制热量 90kW。

3. 建筑主体

（1）膜材

外膜采用白色聚酯纤维膜材，表面覆合 PVF 面层，双向抗拉强度 4580N/5cm，克重为 949g/m^2，适用温度－40℃至＋70℃。防火性能满足《建筑材料及制品燃烧性能分级》GB 8624 中 B 级标准。

内膜采用白色/蓝色（4m 高以下部分）高光聚酯纤维膜材，正、反面增加亚克力涂层处理，克重 650g/m^2，反射率＞80%。防火性能满足《建筑材料及制品燃烧性能分级》GB 8624 中 B 级标准。

保温材料采用 75mm 厚玻纤棉，双面铝箔布包覆，既增强玻纤棉抗拉强度，又可杜绝玻璃丝污染空气，保温性能满足《绝热用玻璃棉及其制品》GB/T 13350。

（2）钢索系统

采用横向钢索对膜结构进行加强，共设置 6 根横向钢索。钢索采用 1670MPa 级 ϕ16PE19 钢丝绳，镀锌压制索具。

（3）锚固系统

气膜膜体与钢筋混凝土地梁通过专用铝槽连接，与配套会所通过预埋螺栓及压膜角钢连接。

（4）门禁系统

共设置标准应急疏散门 2 套、宽幅应急疏散门 1 套，满足馆内人员应急疏散要求。人员日常进出通过 2 套旋转门及 2 套平开门组合形成的气密通道，旋转门宽 2.5m，平开门宽 2.4m，既满足学校体育教学及其他活动时人员快速进出的需要，又实现了夜间保持良好气密性、节省充气能耗的目的。

4. 配套设备

（1）照明

气膜馆灯具采用吊式安装，金卤灯，1kW/套，共 20 套。照明方式为二次反射照明，照度均匀、无炫光，工作面平均照度不小于 500Lx。

（2）智能机械单元

智能机械单元设备集成了充气保压、排风、制冷、采暖及空气净化功能，气膜馆内无任何空调末端设备，仅有地板送回风口，整个暖通及空气净化系统为全空气系统。

为应对日趋严重的雾霾天气，实现气膜馆内空气净化，研发了多级过滤式 PM2.5 净化技术。气膜 PM2.5 空气净化系统采用多种净化技术，把三级过滤、UVC 紫外线装置、光触媒装置及负离子装置集成安装于一台专用机械单元设备内，使流经设备的空气依次经过上述净化设备的净化处理，最终把洁净健康的无污染空气送入气膜室内。气膜室内维持正压状态，室外污染空气无法通过门窗等缝隙进入室内，从而可使气膜室内维持净化状态。

净化系统投入试运行后，该校采用专业 PM2.5 测试仪器对气膜内 PM2.5 含量进行了多次检测，在室外 PM2.5 达到 500μg/m^{3}时，室内实测数据不超过 10μg/m^3。如图 7.1.12 所示。

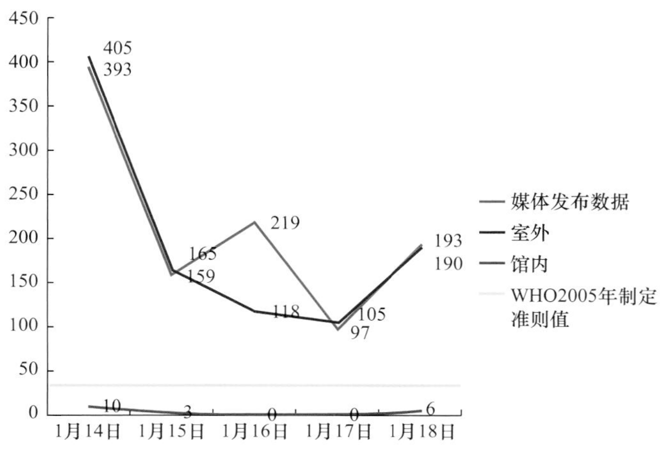

图 7.1.12 净化系统使用时室内 PM2.5 指标对比图

7.1.3 天津响螺湾体育休闲广场气膜工程

该工程位于天津市滨海新区，包括体育休闲广场、配套停车位及周边绿化，总用地面积约 27612m²。气膜结构的体育馆建筑总面积为 4867.88m²，如图 7.1.13 所示。其中羽毛球馆长 70m，宽 37.5m，高 14.4m，建筑面积 2587.2m²，设计使用人数 128 人；网球馆长 40m，宽 40m，高 14.4m，建筑面积 1493.35m²，设计使用人数 16 人。

图 7.1.13 体育馆鸟瞰照片

1. 主体结构设计

体育馆采用建筑膜材外加斜向网状钢索的结构形式，如图 7.1.14 所示，建筑外膜所承受的荷载被有效传递到钢索系统，并均匀地分摊到锚固系统，减少建筑外膜所承受的应力，提供最佳的稳定性来抵抗大风暴雪，延长结构的使用寿命，使其安全性得到可靠保证。

天津塘沽区 50 年一遇基本风压为 0.55kN/m²，50 年一遇基本雪压为 0.35kN/m²。计算表明，斜向网状钢索系统可保证气膜内压根据实际外部气候条件的需要在 250～600Pa 之间调整。

该项目采用高强度 P 类建筑膜材，具有良好的耐久、防火、气密和自洁的特性。膜材满足《建筑材料及制品燃烧性能分级》GB 8624 燃烧性能 B1 级防火要求。

2. 机械单元成套设备

该项目机械单元和空调系统（图 7.1.15 所示）分开设置，协调使用，可最大限度降低充气能耗。

图 7.1.14 斜向网状钢索

图 7.1.15 机械控制系统

机械单元可保证气膜建筑的正压需求，并满足室内人员卫生需求的最小新风量。闭馆期间，机械单元全新风低频运行；开馆期间，机械单元按新风需求变频运行，作为空调系统的新风机组。

空调系统为一次回风全空气系统，采用风冷热泵屋顶式空调机组，冬季采暖可灵活采用市政热水供暖系统或天然气空气加热器。空调季节新风量按照卫生标准根据气膜内服务人数确定。采用下送风、下回风气流组织方式。

机械单元和空调系统分开设置可以使得气膜场馆在闭馆期间的能耗降低90%以上，同时使空调维护轻松简单，并增强了气膜系统的使用安全。

机械单元和空调中均配备初效、中效、活性炭等过滤器，有效过滤空气中的病毒病菌、PM2.5以及装修污染。

通风机械单元采用双回路电源供电，同时设置发电机组。在双回路电源停电或项目初期电力供应不正常期间启动发电机供电，保证气膜内部压力。

3. 消防设计

由于气膜结构建筑缺乏相关防火规范依据，该项目建设单位向《建筑设计防火规范》国家标准管理组递交了咨询函。管理组复函意见为："本规范对于体育场馆采用气膜作为屋顶没有明确的规定，考虑到该体育馆为单层，不设观众席，使用人员较少，有利于人员安全疏散和消防救援。因此，当该体育馆采用气膜屋顶时，气膜的燃烧性能不应低于B1级，且燃烧时不应产生熔融滴落现象。为便于人员疏散，建议在羽毛球馆的4面外墙上各增设1个直通室外的安全出口。"根据《建筑设计防火规范》国家标准管理组复函意见，对该项目进行消防设计。

气膜体育馆耐火等级参考建筑防火设计规范中的二级，划分为两个防火分区，两个防火分区通过甲级防火窗和特级防火卷帘进行分隔。气膜网球馆与接待厅、咖啡厅为一个防火分区，建筑面积2280.7m^2，气膜羽毛球馆为一个防火分区，建筑面积2587.20m^2。防火分区划分如图7.1.16所示。

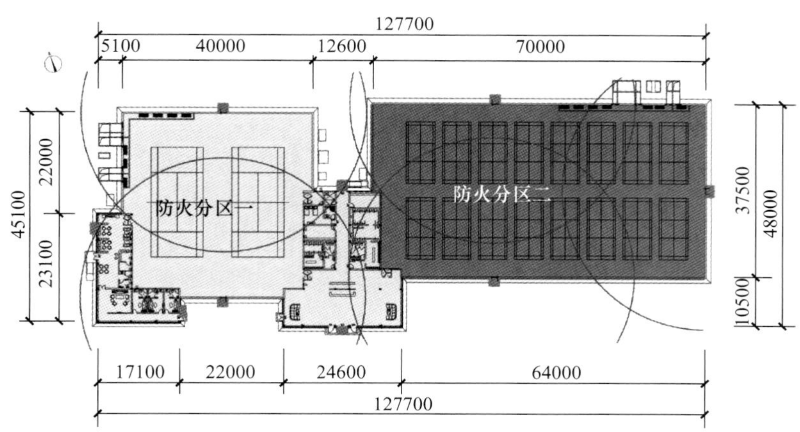

图7.1.16 防火分区划分及安全疏散设计

火灾时期人员能否安全及时地疏散到安全区域是判断建筑物消防设计是否符合要求的重要指标。本项目为单层建筑，人员可由各个疏散通道直通室外。

网球馆：内设置2片网球场地，不设观众席，设计使用人数16人（使用人数+等待人数），需要设置两个疏散门，每个疏散门宽1.3m，疏散时间为0.09min，小于规范规定的3min。

羽毛球馆：内设置 16 片羽毛球场地，不设观众席，设计使用人数 128 人（使用人数＋等待人数），需要设置 3 个疏散门，每个疏散门宽 1.3m，疏散时间 0.5min。

室内任一点到疏散门的距离均不大于 30m，在各个疏散口顶端设置应急指示灯和安全出口指示灯。考虑到烟气对能见度和人员疏散造成严重影响，所以增设蓄光型疏散指示标志和增设应急广播设施。

本建筑火灾类型为 A 类，中危险等级，主要防火设施为消火栓，配置 17 个室内消火栓和 2 个室外消火栓。辅助防火设施为灭火器，配置 34 具 3 公斤手提式磷酸铵盐灭火器，5 具 20 公斤推车式磷酸铵盐灭火器。

这类超大空间建筑物的排烟设计可考虑蓄烟，即利用建筑物自身的大空间条件设计“储烟仓”将烟气蓄积，形成距地面有一定高度的无烟层。

本项目在空调通风管道上增设防火阀。机械单元、空调通过混凝土风道与气膜连接，机械单元、空调机组送、回风口除设置电动风阀外，另设置防火阀，动作温度 70℃。

本项目经过多次消防设计咨询、专家论证，最终通过消防审查，确保了气膜结构体育场馆的防火安全性，同时成为首个在国内通过消防审查的气膜建筑，为气膜消防设计提供了参考依据和积累了宝贵的经验。

7.1.4　神华巴彦淖尔能源有限责任公司选煤厂气膜工程

本项目是利用气膜结构的轻质大跨特点实现对原煤储煤场的覆盖，保护储煤免受自然环境的影响，起到降尘节能等环保作用。气膜结构采用正交斜向钢索加劲，既满足了储煤棚大跨度的空间要求，也满足了气膜结构在主要荷载作用下纵横向的刚度需求。智能控制的气膜设备系统集成新风、补压、气膜内空气循环等功能设备及智能控制元件于一体，实现无人值守式自动运行，在安全节能的条件下正常运行。

1. 建筑整体设计

储煤棚的平面、立面及剖面如图 7.1.17 所示。储煤棚长 400m，宽 110m，高 42m，坐落于 6.5m 高的钢筋混凝土挡煤墙上，顶部离地面高度 48.5m。储煤的进出均由位于煤棚中心线处的机头移动的输煤胶带和堆取料机完成。配有单独水炮消防系统和通风、照明控制系统。建成后的气膜工程外景和内景分别如图 7.1.18 和图 7.1.19 所示。

2. 气膜结构分析

本工程所在地 50 年一遇风荷载为 0.60kN/m^2，雪荷载为 0.3kN/m^2，风振系数取 1.40，迎风面体型系数 0.44，顶部吸风区－0.8，背风区－0.5。

荷载组合如下：

组合一：恒荷载＋内压（300Pa）

组合二：恒荷载＋内压（600Pa）＋雪荷载

组合三：恒荷载＋内压（600Pa）＋X 向风荷载

组合四：恒荷载＋内压（600Pa）＋Y 向风荷载

计算模型如图 7.1.20 所示。结构在风荷载作用下的位移如图 7.1.21 所示，在雪荷载作用下的位移如图 7.1.22 所示。实际结构在强风和大雪作用下会通过增加内压来提高结构刚度，减小位移。

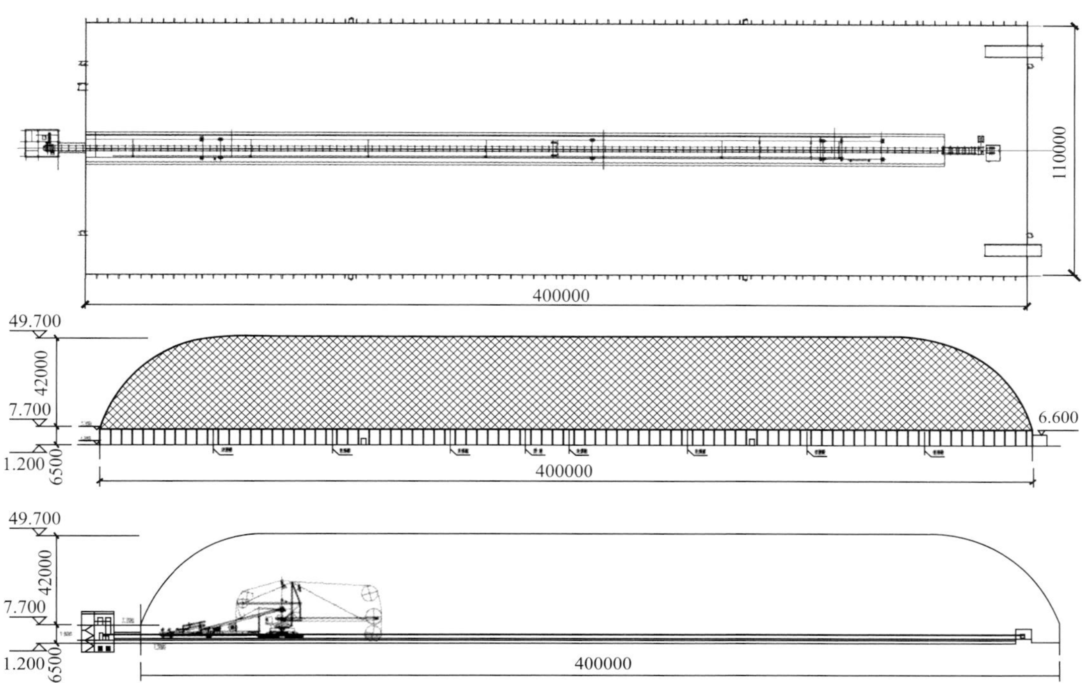

图 7.1.17 神华巴彦淖选煤厂原煤系统平面及立面图

图 7.1.18 气膜工程外景

图 7.1.19 气膜工程内景

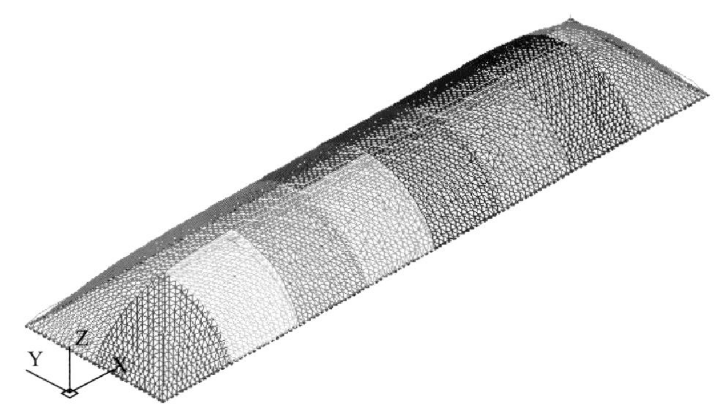

图 7.1.20 计算模型

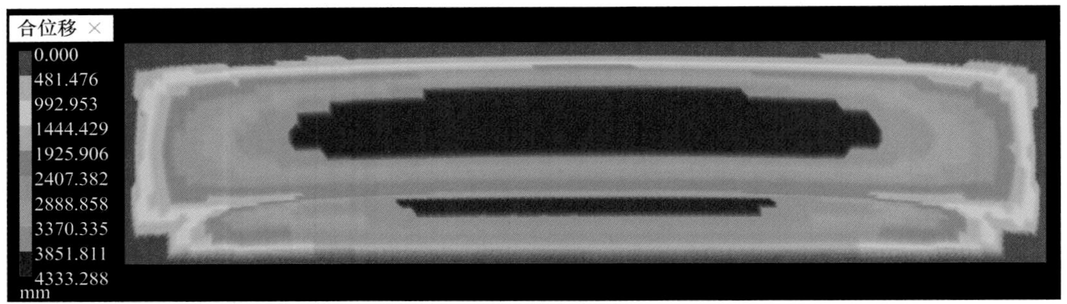

图 7.1.21 风荷载作用下最大位移

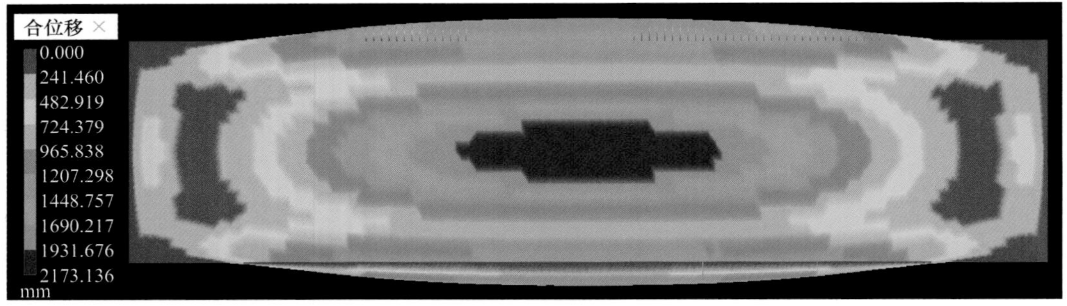

图 7.1.22 雪荷载作用下最大位移

3. 机械单元成套设备

气膜式储煤场采用 PLC 全智能监控建筑体系，其整体控制体系包括：模块控制系统、室内外环境监控系统、温度控制系统、能耗控制系统、控压系统、新风循环系统、备用能源系统等。针对煤炭储运相关特点需要，专门加装瓦斯监控体系、煤炭粉尘浓度监控体系，自动调节通风换气量，以确保煤仓的安全。

气膜式储煤场的室内外通用监控系统可以监测到室外的温度、湿度、风力、降水量、车辆进出、室外安全等；室内监控可以完全掌控室内温度、湿度、出风量、光线照度、煤炭的地表温度和内部温度的测量等。有了这些信息，管理人员可以随时查阅历史记录、远程掌控物资的储备情况，可以根据需要自动设置报警指示，可根据外界风、雪环境变化自动调节建筑内部压力。

本工程建成后对整个厂区的储煤环境有较大的改善，并且很好地解决了建设单位对原煤在储存和加工过程中抑制扬尘的难题，同时满足了储煤棚大跨度、大空间的使用需求。

各系统运行良好，经受了项目所在地气候条件的考验，在安全、环保、节能、智能管理等方面均达到或超出了预期效果，取得了较好的经济和社会效益。

7.1.5 招商港务（深圳）外场充气膜仓库

本项目位于招商港务（深圳）有限公司外场堆放厂区内，因码头到港粮食采用室外露天堆存，受天气影响较大，建设单位通过对项目造价、工期、结构类型等综合对比决定采用空气支承气膜结构对其室外堆场进行覆盖。本工程是国内首个将气膜应用于粮食储存的项目。

1. 建筑整体设计

气承膜仓库长 160m，宽 50m，膜体高 20m。南侧底部基础挡墙高 2.5m，北侧原有 5m 高的毛石挡墙。建成后膜体最高点高度约 25m。整个气膜粮仓的建设从经济角度出发，利用旧有的 5m 高的毛石挡墙。同时整个场地东西两侧存在 1.2m 高差，气膜就势而建，最终呈现出北高南低倾斜式气承膜。外膜采用白色膜材，室内采用柱式和壁式照明方式。其建筑图如图 7.1.23 所示。

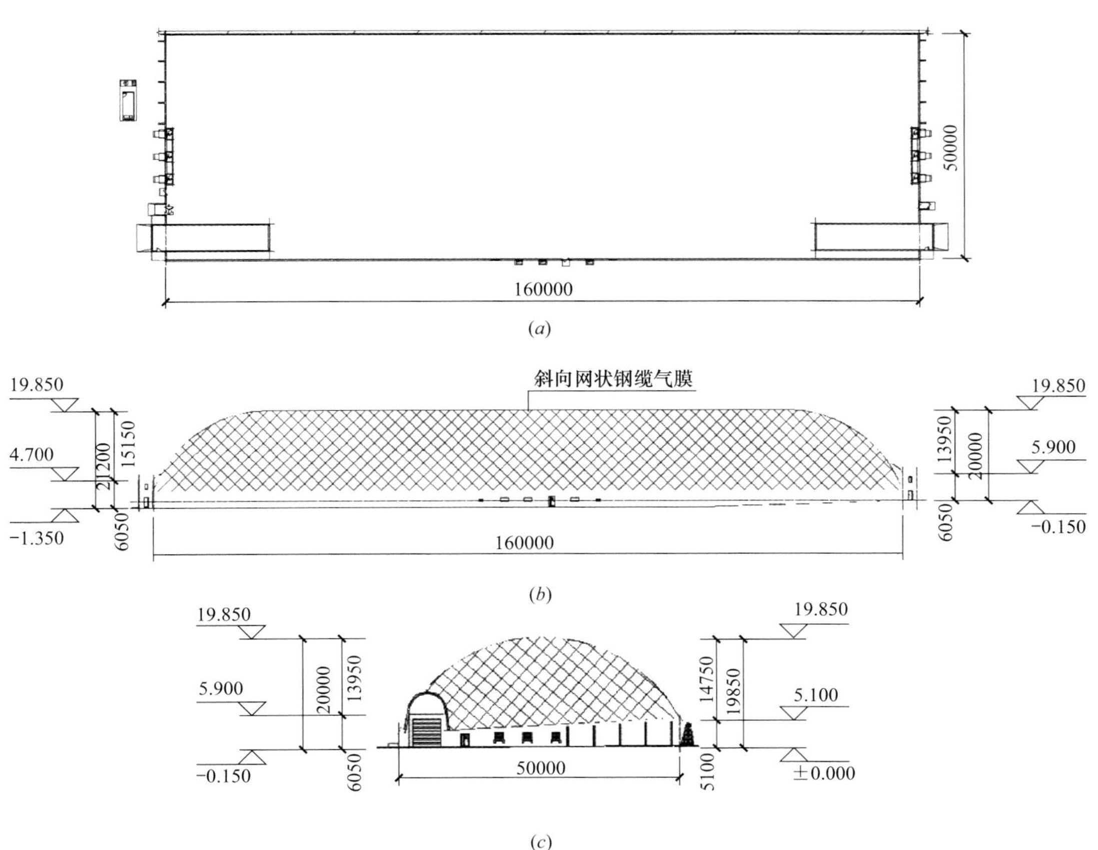

图 7.1.23 气膜仓库平面、正立面和侧立面图

（a）平面图；（b）正立面图；（c）侧立面图

2. 气膜结构分析

本工程所处地点空旷同时是台风多发区，对结构安全性提出了更高的要求。50年一遇基本风压为0.75kN/m^2，地面粗糙度取B类，风振系数取1.40。不考虑雪荷载作用。设计最大工作内压为600Pa。

结构计算模型及主要计算结果如图7.1.24所示。风荷载下膜面最大等效应力（含索网拉力）42.6MPa；X方向位移0.324m，位移较小；Y方向和Z方向位移较大，为1.5m左右，合位移1.89m。

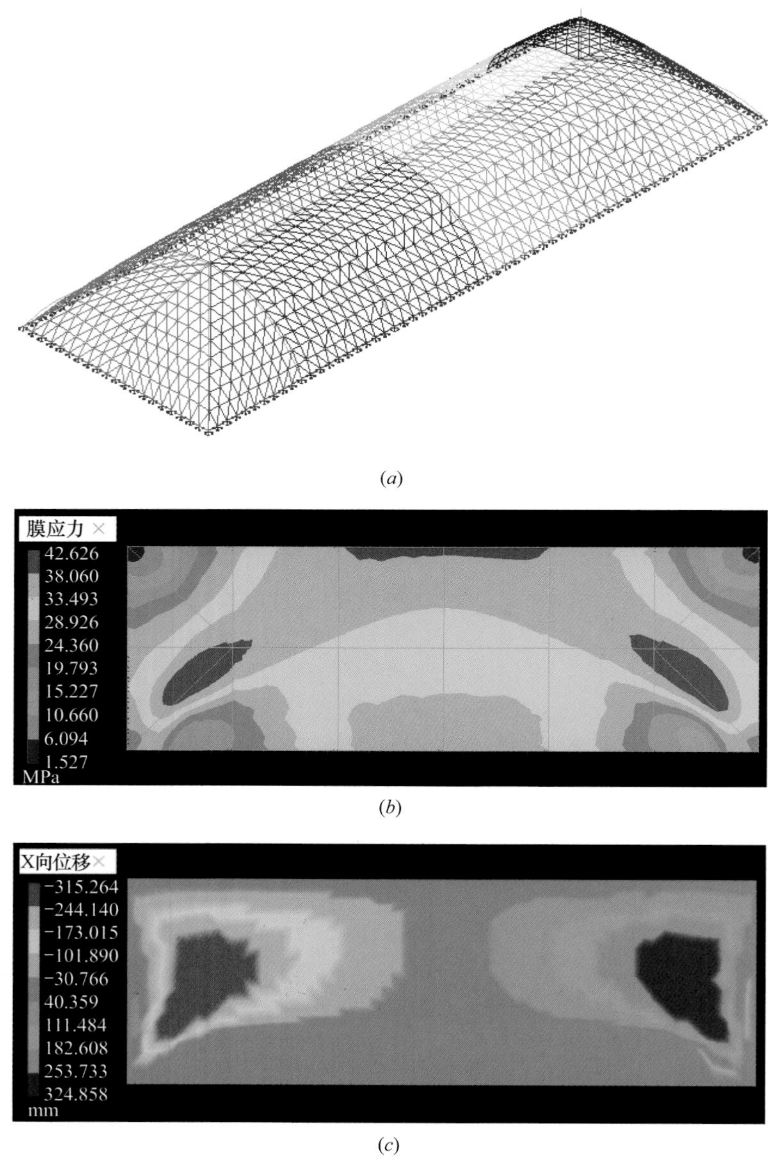

图7.1.24 结构分析（一）
（a）结构模型；（b）膜面最大应力；（c）X方向位移

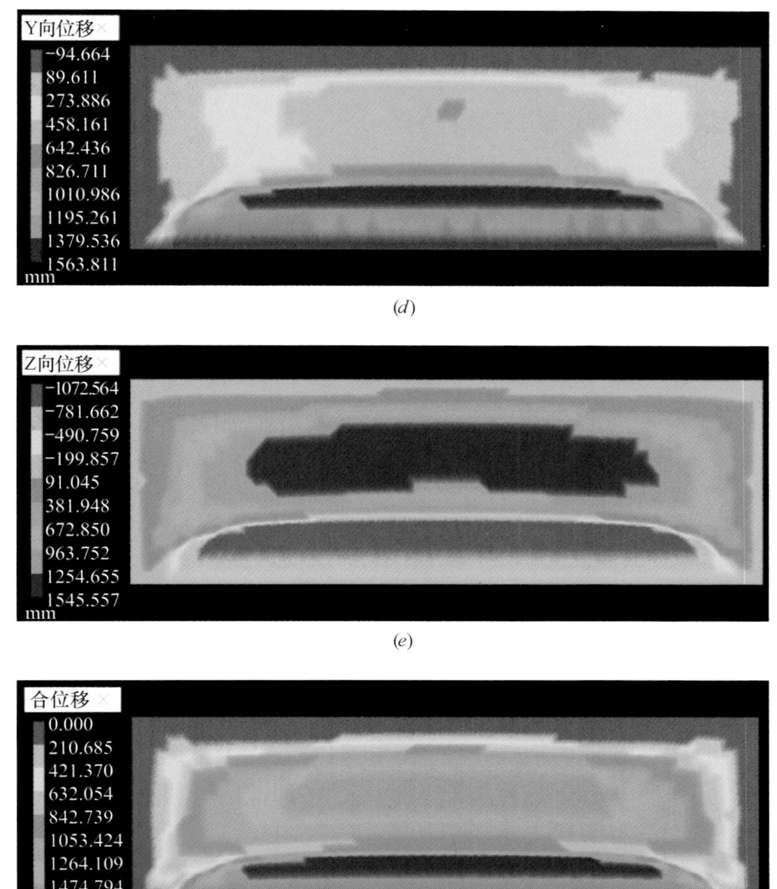

(*d*)

(*e*)

(*f*)

图 7.1.24 结构分析（二）

（*d*）Y 方向位移；（*e*）Z 方向位移；（*f*）合位移

3. 机械单元成套设备

气膜粮仓采用 PLC 全智能监控建筑体系，其整体控制体系包括：模块控制系统、室内外环境监控系统、能耗监控系统、控压系统、新风循环系统、备用能源系统等。针对粮食储运相关特点需要，专门加装粉尘浓度监控体系，自动调节通风换气量，以确保粮仓的安全。

气膜式粮仓的室内外通用监控系统可以监测到室外的温度、湿度、风力、车辆进出、室外安全等；室内监控可以完全掌控室内温度、湿度、出风量、光线照度等。有了这些信息，管理人员可以随时查阅历史记录、远程掌控物资的储备情况，可以根据需要自动设置报警指示，可根据外界风、雪环境变化自动调节建筑内部压力。气膜内设备均为防爆认证设备。

工程于 2015 年 1 月完工，图 7.1.25 为竣工照片。该工程以其独特的结构形式及无梁无柱大空间的特点，很好地满足了粮仓堆放和铲车操作空间要求，并且解决了建设单位对粮食堆放的使用需求。建成后各系统运行良好，多次经受了台风的考验，在安全、环保、节能、智能管理等方面均达到了预期效果，取得了较好的经济和社会效益。

图 7.1.25　气膜仓库竣工照片

7.2　气枕式膜结构

7.2.1　大连体育中心体育场罩棚 ETFE 气枕结构

大连市体育中心体育场是第十二届全国运动会的主要比赛场馆之一，其整体平面为椭圆形，长轴 320m，短轴 293m，总建筑面积约 12.8 万 m^2，可容纳观众约 6 万人。2014 年竣工，实景照片如图 7.2.1 所示。

图 7.2.1　大连市体育中心体育场

体育场下部看台采用钢筋混凝土框架结构，共分 6 层，并且设置了 4 道变形缝；上部罩棚采用由径向平面悬挑桁架和环向闭合桁架组成的全围合式钢桁架结构，如图 7.2.2 所示。罩棚外围护顶棚和下部看台外立面幕墙采用 2736 个形状不规则且无一相同的 ETFE 气枕，最大气枕面积约 51m^2，最小气枕面积约 8m^2，总覆盖面积达 6.85 万 m^2，超过德国安联球场 ETFE 膜结构。气枕分格如图 7.2.3 所示。

1. 膜材基本参数确定

本工程所采用的 ETFE 膜材基本参数通过试验确定。从 ETFE 膜材中任意抽取一卷宽度为 1550mm，厚度为 250μm 的样本，从该样本上裁出 5 条长 150mm，宽 20mm 的样件

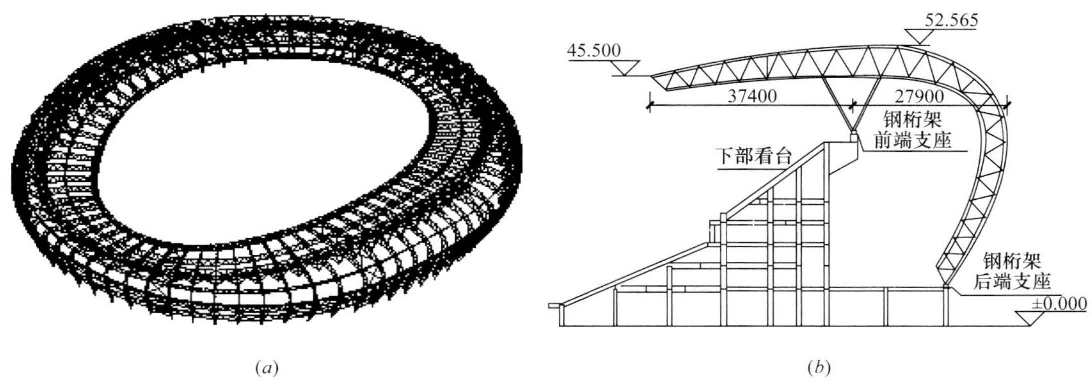

图 7.2.2 体育场罩棚骨架结构示意图

(a) 轴测透视图；(b) 结构剖面图

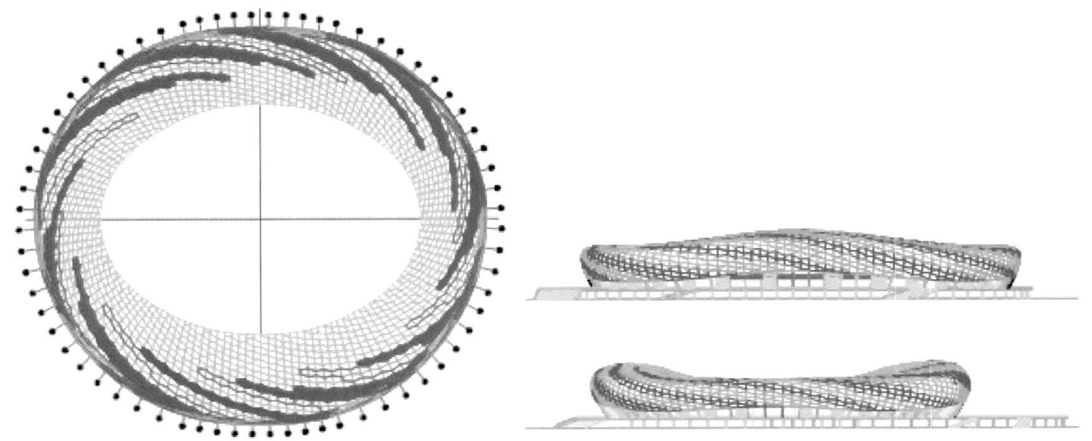

图 7.2.3 气枕分格图

进行拉伸实验，分别测定应力与应变并求出各应力点处的弹性模量 E，计算其平均值，结果如图 7.2.4 所示。可见，当应力处在 5.0～15.0N/mm² 范围内时，弹性模量 E 基本保持在 715N/mm² 左右；当应力由 15.0N/mm² 变化到 30.0N/mm² 时，弹性模量 E 由 710N/mm² 迅速下降至 24.8N/mm²；随着应力进一步增大，弹性模量 E 基本保持在 20N/mm² 左右，近于常值状态。

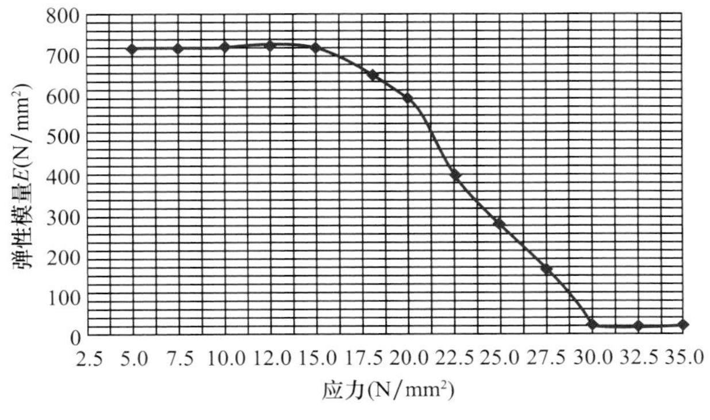

图 7.2.4 弹性模量-应力曲线图

2. 气枕受力性能分析

选择一典型气枕，根据拉伸试验测试的弹性模量计算气枕处于不同应力状态时的外部荷载，结果如图 7.2.5 所示。可见，在 ETFE 膜材应力小于 22.5N/mm^2 时，气枕的受力性能基本是线性的，随着荷载进一步增大，气枕受力性能呈非线性特征，但仍有较大安全储备，一般不会导致结构的立刻破坏。综上所述，可将气枕结构设计的膜应力控制在 22.5N/mm^2 范围内。

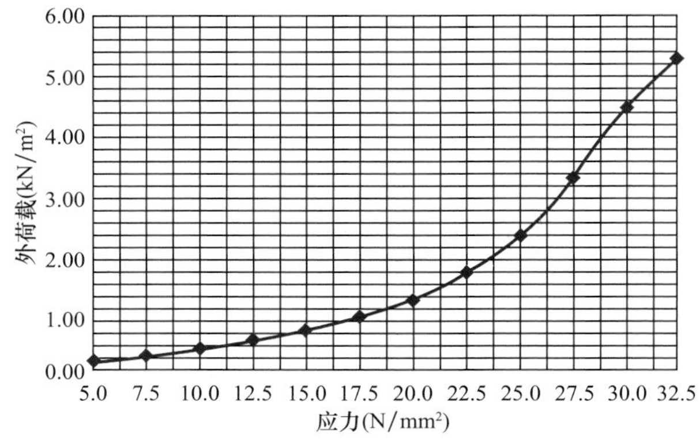

图 7.2.5　外荷载-应力曲线图

图 7.2.6　气枕试验模型

为验证软件计算结果和实验室测出的材料数据，建立一 2250mm×1265mm 的气枕模型（图 7.2.6），将其固定在铝合金框架上按正常工作气压充气（200～250Pa），然后逐步加压来模拟不同的外部荷载情况。试验过程中，气枕在正常气压下保持正常形状，当压力增加到一定程度时开始缓慢变形，随着压力继续增大，变形增加变快，最终膜材在很高的荷载下都没有破坏。这和软件计算结果完全符合，因此采用上述方法计算出的结构具有足够的安全度。

气枕主要承受风荷载和雪荷载，其中风荷载按照风洞试验确定，最大正风压为 1.3kN/m^2，最大负风压为−5.31kN/m^2，阵风系数折减为原值的 0.85 倍；雪荷载按 100 年一遇取 0.45kN/m^2。设计时通过调整膜材厚度，将气枕内压控制在 200～250Pa 范围，矢跨比控制在 1/8 内，最不利荷载组合作用下膜材应力不超过 22.5N/mm^2。图 7.2.7 给出了某个气枕上层膜在最大负风压时的变形图和应力图，其最大变形为 147mm，最大应力为 18.66N/mm^2。该膜片在最大负风压时边界水平反力为 7.33kN/m，竖向反力为 4.11kN/m。

3. 节点设计

体育场罩棚气枕结构是沿曲面螺旋排列布置的，檩条或天沟很难为每个气枕都提供共面的四条边，即每片膜的支承边难以共面，如果对每个天沟都进行放样，将会大大增加施

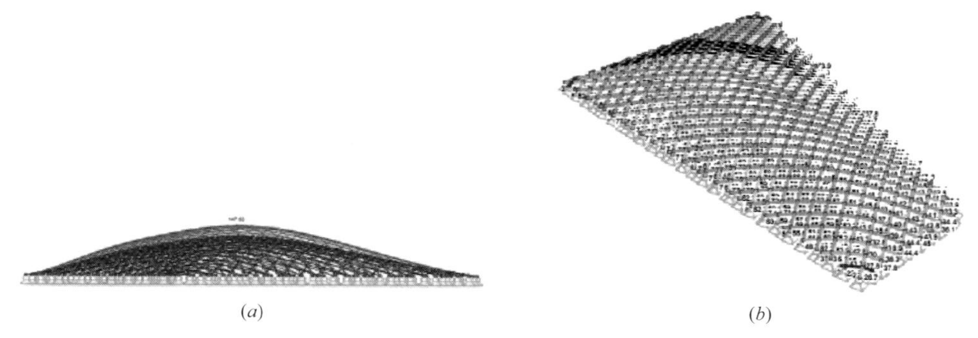
(a)　(b)

图 7.2.7　风荷载作用下的气枕变形图和应力图

(a) 气枕变形；(b) 气枕应力

工难度和施工周期。本工程采用调整天沟侧壁高度的方法解决了该问题，即天沟仍做标准规格，但在标准天沟侧壁增加高度可调节的转接件（图 7.2.8），现场安装时可通过调节转接件来实现气枕的四个支承边安装。气枕节点基本构造是通过天沟连接件将天沟固定在檩条上，气枕则通过气枕连接件固定在天沟上边沿上，另沿着天沟两侧设置落鸟线，以防止鸟落下时抓伤 ETFE 膜表面。气枕下面尚设置了用于气枕充气和监测气压的设施。

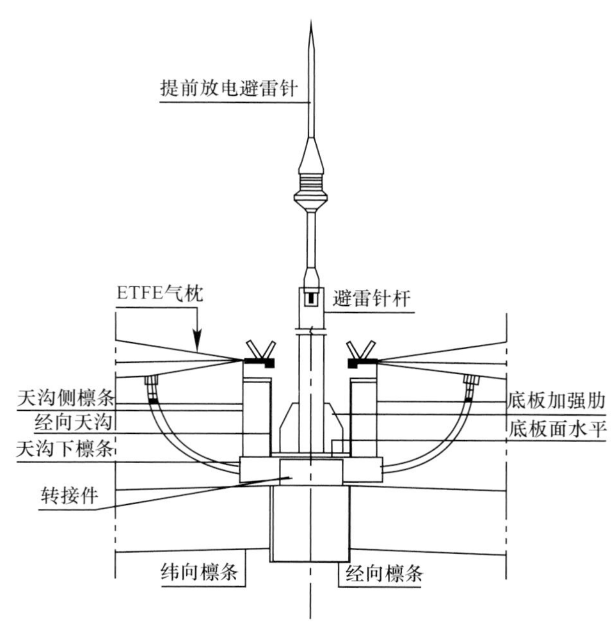

图 7.2.8　节点构造示意

7.2.2　万科东莞植物园 ETFE 气枕膜结构

本工程为热带雨林植物园，位于广东省东莞市，旨在保存优良的热带雨林观赏植物资源，开展热带雨林植物生态、群落及应用研究。植物园屋面采用 ETFE 气枕，覆盖面积约

3850m²，包括552个气枕单元，其中36个单元可以侧向开启，82个单元可以顶升开启，以综合实现遮雨、日照、保温及通风功能。工程于2016年11月竣工。植物园设计方案及实景照片如图7.2.9所示。

(a) (b)

图7.2.9 万科东莞植物园
(a) 方案；(b) 实景照片

1. 结构体系

本工程屋面为不规则空间网壳，长85.1m，宽44.7m，高19.6m，采用300×200矩形钢管。屋盖与下部幕墙交界位置采用圆形钢管作为圈梁。屋盖由552个气枕单元构成，平均每个气枕面积约7m²，最大的气枕面积9.6m²。气枕采用双层ETFE，通过铝合金型材固定在钢结构上。

2. 膜结构分析

气枕标准内压PL取300Pa，膜材自重忽略不计，活荷载LL取0.3kN/m²，正风压WP取0.53kN/m²，负风压WS取−1.06kN/m²。计算中考虑的荷载组合有：

LC1：1.1×LL （第一类荷载组合）

LC2：1.4×LL （第一类荷载组合）

LC3：1.4×WS （第二类荷载组合）

LC4：1.4×WP+1.4×0.7×LL （第二类荷载组合）

膜材抗拉强度标准值 f_k 按第二屈服强度取22.5N/mm²。膜材抗力分项系数 γ_R 在第一类荷载组合下取1.4，第二类荷载组合下取1.2。膜材弹性模量取650N/mm²，则厚度200μm的ETFE弹性模量为130kN/m，厚度250μm的ETFE弹性模量为162.5kN/m。

选取最大的气枕单元为例，该单元为近似长方形，且四个角点不在同一平面内，长3.22m，宽2.97m，面积约9.6m²，初始形态取矢高0.3m，约为宽度的10%。分析表明，组合LC1使气枕上下层均受荷载作用；组合LC3为短期荷载且方向向上，气枕内腔的空气近似服从 PV=常量的规律，内腔体积增加，气压降低，从而气枕上层承受外部荷载，而下层几乎不承担荷载；反之，组合LC2和LC4为短期荷载且方向向下，气枕体积减小，气压增加，气枕上层的上下表面压力近似相同而几乎不承担荷载，外部荷载由气枕下层承担。各荷载组合下的膜材应力及强度检核结果如表7.2.1所示。组合LC3作用下，气枕上层变形为71mm；组合LC4作用下，气枕下层变形为66mm，均满足设计要求。

各荷载组合下的膜材应力及强度检核结果　　表 7.2.1

荷载组合	受荷层	膜材应力（kN/m）	膜材厚度（mm）	膜材设计强度（kN/m）	检核结果
LC1	气枕上层	1.03	250	4.03	满足
	气枕下层	1.03	200	3.22	满足
LC2	气枕下层	1.07	200	3.22	满足
LC3	气枕上层	3.29	250	4.70	满足
LC4	气枕下层	2.60	200	3.76	满足

3. 典型节点

采用倒 C 型角码作为二次钢构，以 600mm 间距焊接在主钢管上方，通长的铝合金挤压型材（简称铝挤型）采用双排 M10 螺栓固定在角码上。角码开斜向长圆孔，以便于铝挤型在左右方向具备一定调节能力。铝挤型牌号 6063-T5，采用基座、拉条、盖板的组合形式。

盖板上方设置不锈钢防鸟钢丝，鸟类习惯站立在钢丝上，从而避免站立在气枕上，鸟爪钩破膜材。防鸟钢丝仅布置于网壳顶部区域，侧部坡度较大区域未设置防鸟钢丝。

供气管道和各专业的电线线管隐蔽在角码和主钢管之间的空间，供气管道采用抱箍固定在与角板焊接的小角钢上。

ETFE 气枕在制作过程中就装配了铝合金进气口，如图 7.2.10 所示。采用优质耐老化材质（如 FEP）制成的软管，一端连接于气枕进气口，另一端连接于供气管道。

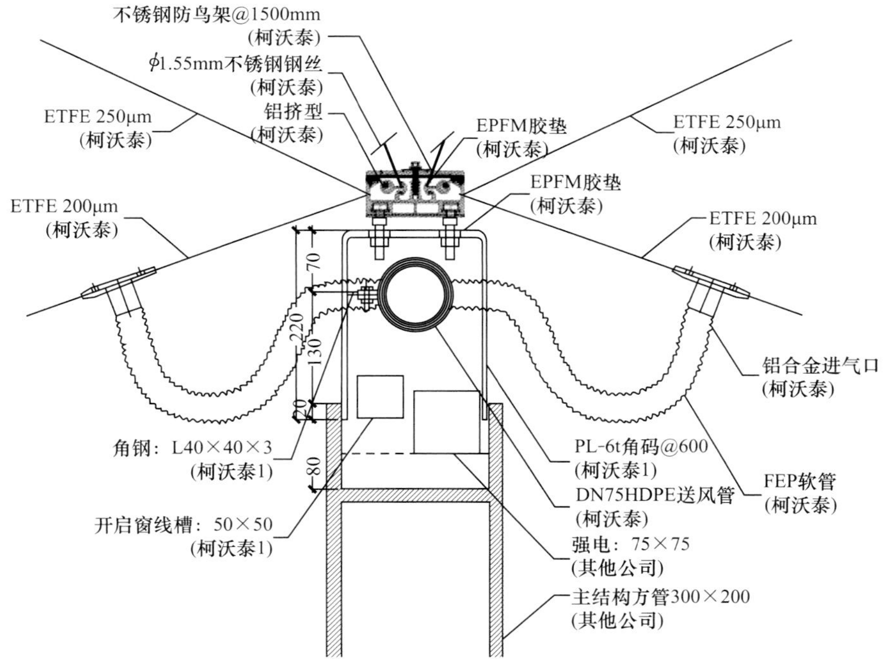

图 7.2.10　典型节点

4. 供气系统

采用了两台德国 Elnic eluft 400 供气机，每台供气机的平均功率 1.2kW。每台供气机配置两台风扇，以一定周期（默认为一周）轮流工作，仅当系统内压低于设定的最小值时，两台风扇一起工作。

供气机供气能力验算如下：

• 每台供气机服务的气枕覆盖面积：按总面积的60％取2310m^2。

• 这些气枕的总体积：按照经验公式，体积约为覆盖面积与单侧矢高的乘积，V＝2310×0.3＝693m^3。

• 漏气率按每小时5％考虑，即693×5％＝35m^3。

• 供气机每小时最大供气量800m^3，干燥气体最大供气量190m^3，故可满足使用要求。

每台供气机配置3个压力感应器，其中，“最大压力感应器”安装于距离供气机较近的气枕，如果系统压力高于预设的最大值（本工程设定为800Pa），供气机获得感应器发来的信号，停止供气；“最小压力感应器”安装于距离供气机较远的气枕，如果系统压力低于预设的最小值（本工程设定为150MPa），两台风扇同时运转；“标准压力感应器”安装在管道系统较为中间的部位，以避免气枕出现系统性的内压异常。供气机的工作状态和气枕的压力，可以随时反映在监控系统上。

为每一个气枕配置压力感应器是不必要的，即使存在单个气枕在意外情况下的破损，其直径50mm进气口的漏气量，对于系统内其他气枕的压力影响是很微小的。通过人工定期巡查（一般建议为一周），以及恶劣天气后的及时巡查，可以观察到是否存在气枕破损。

5. 气枕加工制作

网壳西部为喜光植物，气枕上层采用250μm透明ETFE，东部为喜阴植物，气枕上层采用印刷有直径4mm银色圆点的250μm透明ETFE；气枕下层全部采用200μm透明ETFE。

ETFE原材料幅宽1.6m，故需对膜材进行拼接。透明ETFE加工采用10mm宽度的搭接焊缝，印点ETFE加工采用10mm宽度的对接焊缝（每侧5mm），通过对每个班次的试件进行检测，生产过程中两种节点每一个试件的抗拉强度均达到《膜结构技术规程》CECS 158中规定的30MPa以上。

气枕边界处，采用透明ETFE作为口袋，将上下层膜材熔合在一起，口袋内置直径6mm橡胶条。如图7.2.11所示。

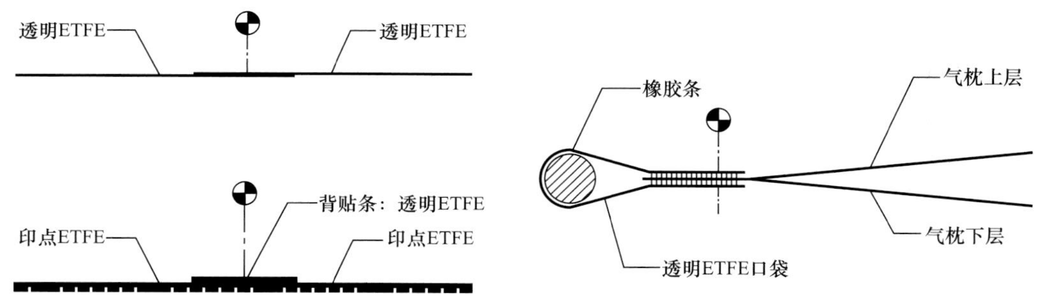

图7.2.11　加工节点

气枕下层预先开孔，用于装配进气口。

6. 安装过程

气枕的主要安装过程如下：

• 现场将角码焊接于主钢管；

- 采用全站仪对角码进行测量，获得测量点的空间坐标；
- 根据测量结果设计铝挤型加工图；
- 铝挤型加工；
- 铝挤型基座安装；
- 采用全站仪对铝挤型基座进行测量，获得测量点的空间坐标；
- 根据测量结果设计气枕加工图；
- 气枕加工；
- 气枕安装（气枕安装前，需保障供气机和管道系统已安装到位，未安装的气枕处，供气管道临时先用封帽进行封闭）；
- 每安装完毕一个或数个气枕（指将铝合金拉条张拉至铝合金基座），及时采用软管连接至供气管道，进行充气，避免未充气的气枕受到风雨损坏。
- 如个别气枕存在局部皱褶，先释放空气，然后调节铝合金基座位置加以改善；
- 全部气枕安装、调节完毕后，安装铝合金盖板及防鸟装置。

7.2.3 上海迪士尼明日世界创极光轮 ETFE 天幕工程

本项目位于上海迪士尼乐园的明日世界主题园区（图 7.2.12），也是迪士尼全球首发的游艺项目——创极光轮的天幕雨篷。它选用了富有想象力的设计和尖端的材料；对系统化的空间利用体现了人类、自然与科技的最佳结合，展现了未来的无尽可能。为表现出这些特点，建筑上采用了不规则的壳体结构，为 ETFE 气枕找形带来了很大的困难。整个项目总面积为 5000m^2，由 71 块气枕组成，其中最大的气枕面积为 220m^2。该项目于 2015 年竣工。

图 7.2.12 上海迪士尼明日世界效果图

1. 钢结构转接件设计

由于本工程的形状复杂，气枕需要依照钢结构的形状覆盖到钢结构表面，板块与板块之间需要圆滑过渡，同时还要兼顾 ETFE 膜材的特性，确定每一条气枕边界的曲线平滑过渡。

在对三维模型中的杆件进行几何形状分析后，将其中的样条曲线分段、归类，然后转化为钢结构可以识别加工的弧线；再应用弧线模型，通过几何分析，确定 ETFE 气枕边界，并建立 ETFE 气枕中心线模型；最后通过中心线，确定转接件间距和方向，由此完成转接件模型（图 7.2.13）。

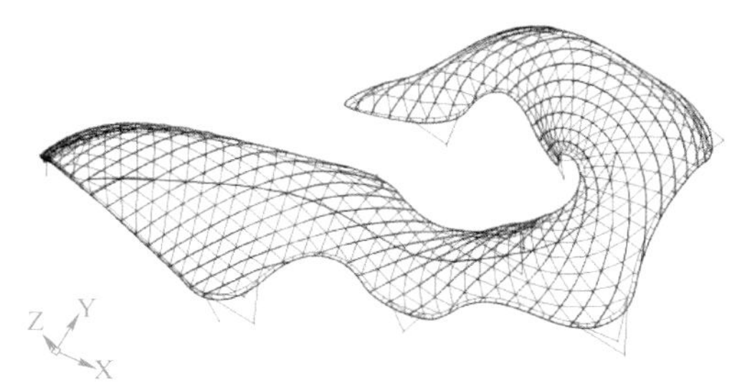

图 7.2.13　钢结构转接件模型

2. 铝型材设计加工

首先，需要根据 ETFE 气枕中心线模型，画出每一根铝型材的中心线模型；然后，根据每一根铝型材的拉弯半径，制作加工图。由于铝型材加工厂不具备拉弯能力，要先将铝型材运到拉弯工厂进行拉弯，之后运回加工厂继续加工。在此过程中，由于形状的无重复性，需要为每一根铝型材单独出图并且单独编号，同时为工地的顺利安装做好准备（图 7.2.14、图 7.2.15）。

图 7.2.14　拉弯后铝型材照片

图 7.2.15　焊接后铝型材照片

3. ETFE 气枕设计

如图 7.2.16 所示，每个气枕的几何形状和跨度都有很大不同。

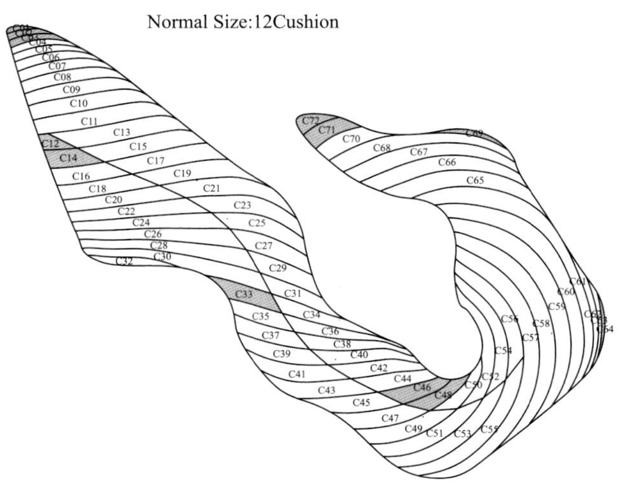

图 7.2.16　ETFE 气枕布置图

ETFE 膜材的设计参数如下：

- 膜材应力极限：52.0N/mm^2
- 焊接应力极限：32.2～33.0N/mm^2
- 杨氏模量：E=700N/mm^2
- 密度：P=1750kg/m^3
- 材料安全系数：γ_m=1.1
- 焊接安全系数：γ_w=1.3
- 蠕变安全系数：γ_c=2.0
- 风载作用下的强度设计值：32.2/(1.1×1.3)=22.5N/mm^2
- 考虑蠕变作用的强度设计值：32.2/(1.1×1.3×2.0)=11.2N/mm^2

根据风洞试验报告计算膜材应力如表 7.2.2 所示，均满足强度要求。

膜单元计算结果 **表 7.2.2**

跨度（mm）	风吸力（kPa）					风压力（kPa）			充气压力（kPa）
	1.00	1.25	1.50	2.00	2.50	0.75	1.00	1.25	0.25
3000	12.39	14.98	17.45	22.15	26.60	9.67	12.39	14.98	3.59
3300	13.44	16.23	18.89	23.96	28.75	10.50	13.44	16.23	3.92
3600	14.47	17.45	20.31	25.73	—	11.32	14.47	17.45	4.25
4000	15.81	19.05	22.15	—	—	12.39	15.81	19.05	4.68

注：1. 矢高按 10%计算；
2. 膜材厚度为 250μm。

4. ETFE 气枕安装

气枕安装根据钢结构安装顺序分为四个区，如图 7.2.17 所示。每个区的钢结构安装完成后对转接件进行尺寸复查，之后安装固定铝型材框架，框架完成后进行尺寸测量，根据现场尺寸进行 ETFE 气枕设计及生产，在整个施工中，铝板包边和天沟施工完成后进行气枕的安装（由于铝板连接件等焊接工作会对气枕产生破坏因此气枕应为该工程中最后一道工序）。

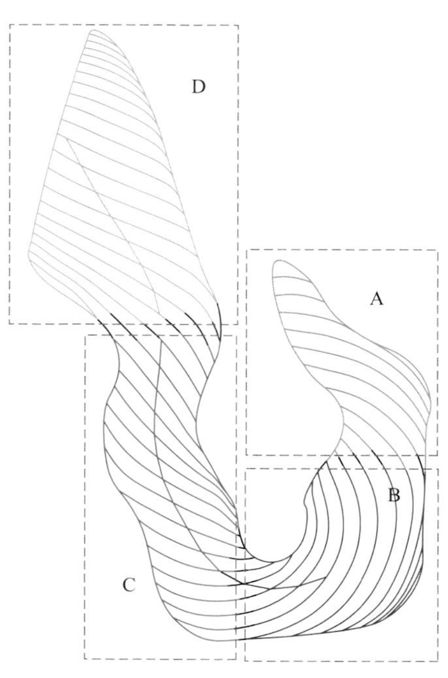

图 7.2.17 安装分区示意图

根据本工程承担的工作范围和工程特点，分为四个施工阶段：

（1）第一阶段：施工准备阶段，包括深化图纸审批、人员配备、脚手架搭设、水电道路布置和备料等；

（2）第二阶段：转接件安装、铝板包边及天沟安装等工作。

（3）第三阶段：铝型材安装、膜安装、胶条、压盖安装。

（4）第四阶段：清洗、验收。

图 7.2.18 为工程竣工后照片。

图 7.2.18　迪士尼项目气枕安装完成

7.2.4　石狮世茂国际广场一期天幕

天幕工程用于覆盖南北贯通的多栋建筑群，分为南北二区，总建筑面积约 20 万 m^2，总长约 456m，宽 20～40m。天幕顶棚呈折板形态，高低起落。天幕顶面覆盖有 ETFE 气枕膜面，膜面基本呈长条形，天幕的下部设置 LED 系统，赋予天幕幻影的效果。天幕上表面的 ETFE 气枕膜结构区域展开面积北区为 6759m^2，南区为 3675m^2，总计为 10434m^2。该工程于 2016 年 9 月竣工，图 7.2.19 所示为实景照片。

图 7.2.19　石狮世茂国际广场一期天幕

1. 结构体系

世茂国际广场一期天幕体系为骨架支承式膜结构，其下部结构为 3～4 层的钢筋混凝土框架结构。天幕主体支承结构采用钢柱支承钢桁架结构，上表面覆盖 ETFE 双层气枕膜，膜面基本呈 2.5m×9m 的长条形网格。双层 ETFE 气枕上层为 0.25mm 蓝色 ETFE 薄膜，下层为 0.25mm 无色透明 ETFE 薄膜。顶棚的四周及内天沟部分布置有空间三角桁架，其间采用平面桁架相连，空间桁架及平面桁架的中心高度均为 1.8m。ETFE 气枕平面布置见图 7.2.20。典型气枕剖面图见图 7.2.21。

2. 荷载分析

（1）初始状态内压：P_0=250Pa；

（2）恒载 DL：膜材重量程序自动计算；

（3）活荷载 LL：0.3kN/m^2；

（4）膜预张力 PL：上下层膜经向纬向均设定为 0.56kN/m；

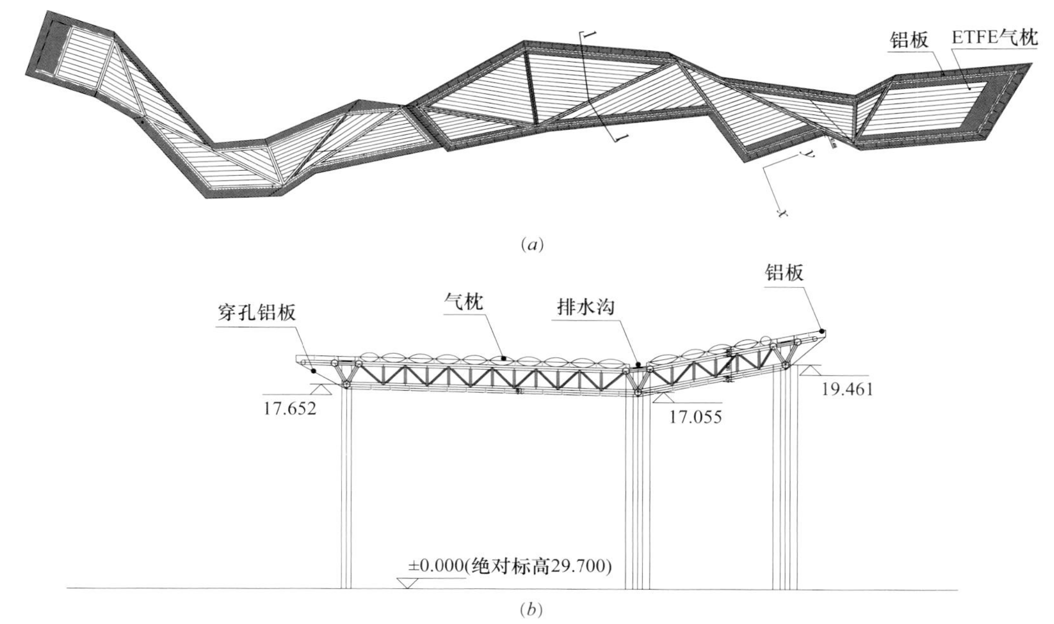

图 7.2.20 ETFE 气枕平面布置图及剖面图

（a）ETFE 气枕平面布置图；（b）1-1 剖面图

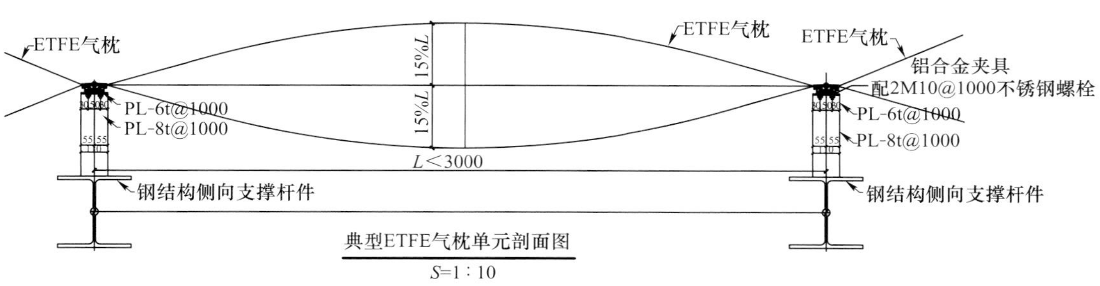

图 7.2.21 典型 ETFE 气枕剖面图

（5）风荷载 W：基本风压 $w_0=0.8\text{kN/m}^2$；风压分布按数值风洞计算结果确定。图 7.2.22 所示为 90°风向角下的北区天幕整体风压分布。

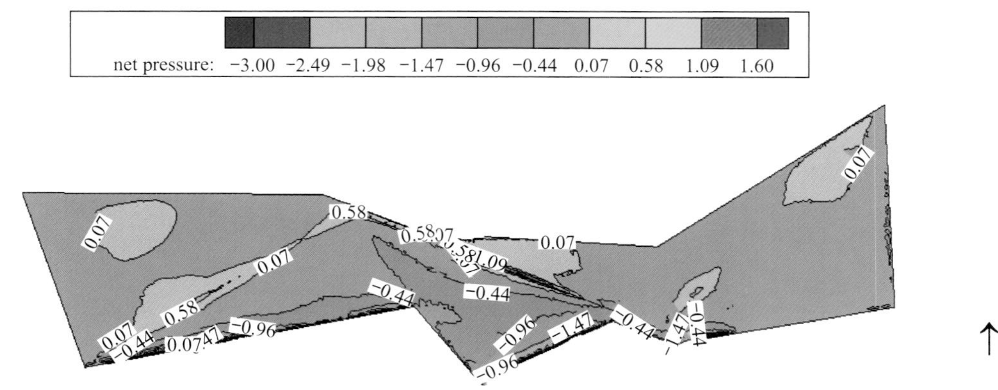

图 7.2.22 北区天幕 90°风向角下风压云图

荷载组合：

LC1：1.2×DL+1.4×LL+PL(第一类荷载组合)

LC2：1.35×DL+1.4×0.7×LL+PL(第一类荷载组合)

LC3～LC14：1.2×DL+1.4×LL+1.4×0.6×W+PL(第二类荷载组合)

LC15～LC26：1.2×DL+1.4×0.7×LL+1.4×W+PL(第二类荷载组合)

LC27～LC38：1.2×DL+1.4×W+PL（第二类荷载组合）

3. 膜结构分析

ETFE 材料参数如表 7.2.3 所示。

ETFE 膜材设计参数　　　　**表 7.2.3**

厚度	密度	弹性模量	泊松比
0.25 mm	1.75g/cm^3	650MPa	0.42
热膨胀系数	第一屈服强度标准值	第二屈服强度标准值	破断强度标准值
2.5×10^{-4}	16.3MPa	22.5MPa	36.8MPa

典型单元在风吸力主导荷载组合作用下的膜面应力云图如图 7.2.23 所示，满足强度要求。

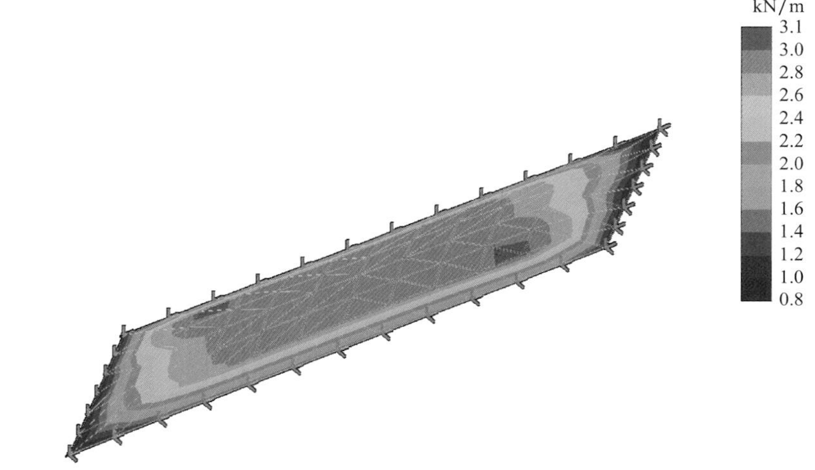

图 7.2.23 （DL，LL，W（风吸），PL）荷载组合作用下典型膜面应力云图（kN/m）

4. 工程照片

图 7.2.24　工程施工照片（一）

图 7.2.24 工程施工照片（二）

7.3 气囊式膜结构——滨海污水处理厂污水池充气膜加盖工程

本工程位于盐城市滨海沿海化工园区，包括收集池及厌氧池（图 7.3.1），占地面积 5600m²，收集池平面尺寸 30m×20m（长×宽），厌氧池单个平面尺寸 10m×20m，见图 7.3.3。加盖工程的作用一方面是避免污水恶臭影响场内工作人员和周边居民的生活、工作；另一方面，也是为了避免降雨时大量雨水进入污水池内，造成污水处理量增加，影响污水处理能力。

图 7.3.1 收集池照片

池壁距地面 4.5m，池净深 6.5m，周边墙厚 400mm，走道板为悬挑板，板厚仅 120mm，如图 7.3.2 所示。封闭要求为：(1) 处理厂不可停产，即场内正常保持 3.0～6.0m 深污水；(2) 池壁不可破坏，防止液体渗漏；(3) 加盖材料需耐腐蚀；(4) 池底不可加柱等支撑。

1. 充气膜加盖方案

由于池体不可破坏，因此选用可自平衡的气囊式膜结构，各池独立设置气囊，采用 PVC 膜材（图 7.3.4）。气囊结构属自平衡体系，在周边基础处仅存在较小的向内收缩水平力。因此基础较小，仅需用少量钢架将钢结构底座固定于周边基础墙上即可。四周基础墙受到水平向池内的水平力，与池内水压对侧墙力相反，水池内常年蓄水，因此对结构有利。

2. 充气膜结构分析

结构计算模型如图 7.3.5 所示。上层膜承受 50 年一遇风雪荷载，风荷载取 0.45kN/m²，雪荷载 0.4kN/m²；下层膜为污水池的隔离层，不承担外部荷载，仅承担自重及内压。图 7.3.6 所示为风吸力作用下的结构位移图。单个气囊平面尺寸为 10m×20m，上矢高 2.5m，下矢高 1.0m，设计最大内压为 250Pa，膜面最大应力 9.041MPa（图 7.3.7）。单纯考虑应力本工程不需设索网加劲，但在工程中，下部增设直径 14mm 不锈钢钢筋网片，以防止下部膜位移过大，长期浸泡污水中，影响使用寿命，详见图 7.3.8。

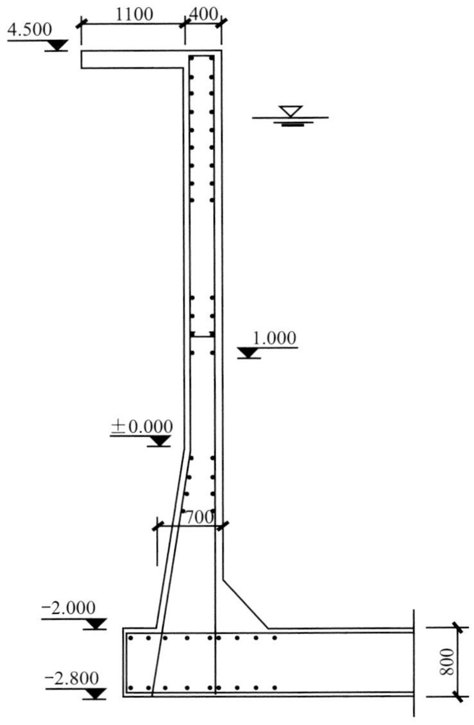

图 7.3.2　池壁构造

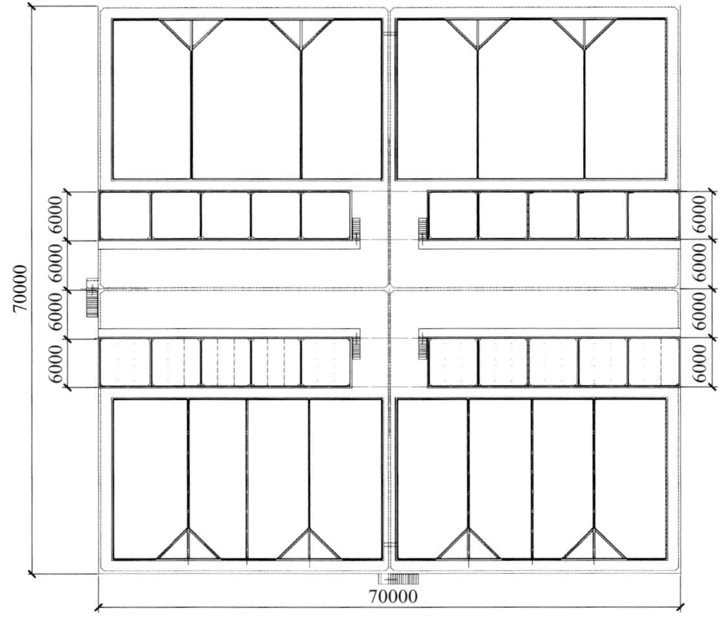

图 7.3.3　污水池加盖总平面图

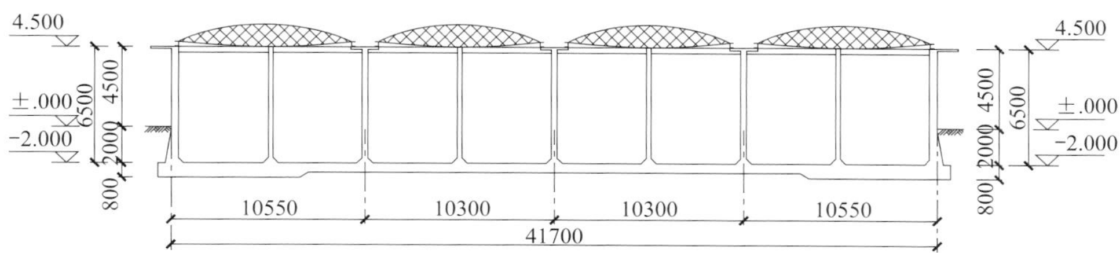

图 7.3.4 典型膜结构剖面

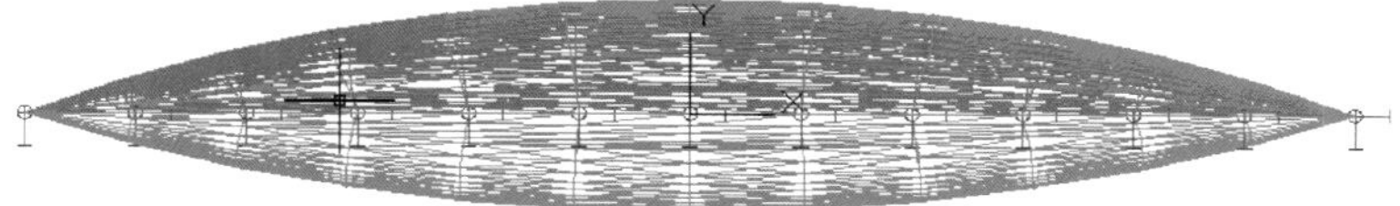

图 7.3.5 计算模型

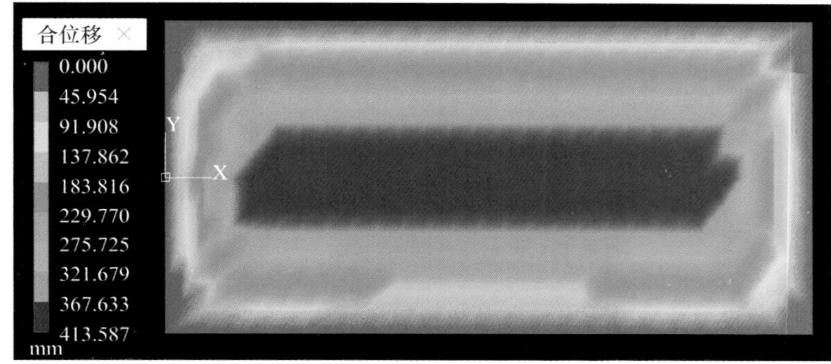

图 7.3.6 风荷载作用下的膜面位移

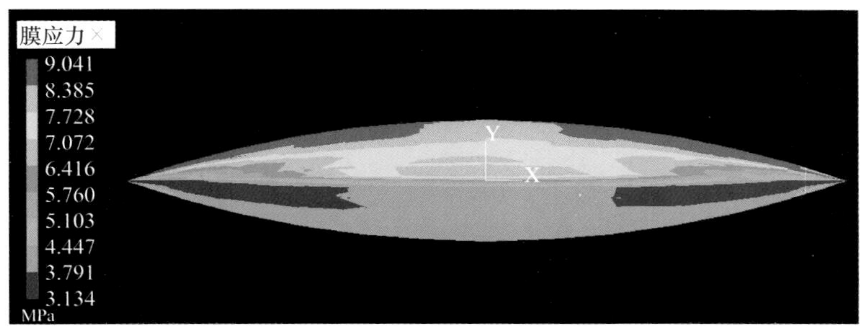

图 7.3.7 膜面应力

3. 机械单元成套设备

本工程为污水池加盖，无人员进入，仅满足安全和功能要求，不需要考虑舒适性。风机采用 0.18kW 变频风机，最大静压 250Pa。为满足节能要求，风机正常运行频率设置为 38.8～50.2Hz，正常使用时内压设定为 200Pa。

控制系统主要元件：PLC 模块、压差传感器、压差开关表及风机变频器。控制方式有自动和手动两种，手动调节满足风机启/停及风机频率调整。

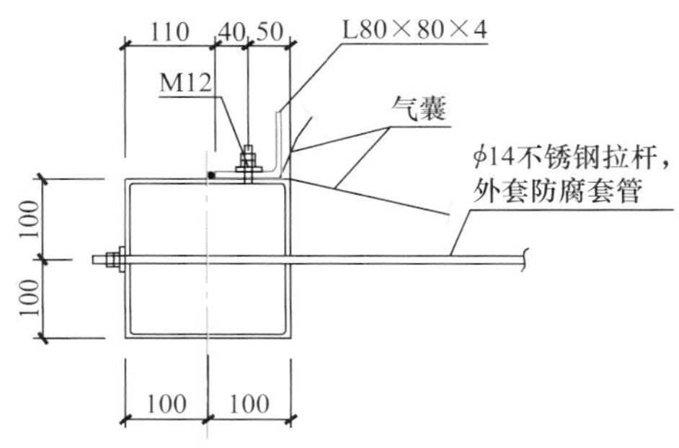

图 7.3.8 固定节点

4. 改造后效果

利用充气膜结构可将池面 100%全覆盖，确保池体全密封。异味可收集、雨水可排出。建成后效果如图 7.3.9 所示。

(*a*)

(*b*)

(*c*)

图 7.3.9　结构竣工照片

(*a*) 厌氧池全景图；(*b*) 收集池加盖顶局部图；(*c*) 厌氧池侧面

7.4　气肋式膜结构——某气承与气肋组合式充气膜结构工程

该工程为某航空航天试验基地项目，建筑物净占地面积为 670m^2，主要包含两大部分：试验用主球体和通道。二者均为高压气肋和低压气承式组合充气膜结构，其中高压气肋为直径 1.5～3m 的弧形圆柱曲面，设计内压 10kPa，为整个膜面提供骨架支承作用；低压气承式充气膜为单层膜面，设计内压 300Pa，特殊天气下二者相互作用共同承受外荷载。该工程于 2010 年 5 月建成，图 7.4.1 为实物照片。

(*a*)

(*b*)

图 7.4.1 气承与气肋组合式充气膜结构工程

(*a*) 外景；(*b*) 内景

1. 结构体系

(1) 气承式膜结构

为满足使用空间和大门尺寸要求，采用了一个大半椭球体和一个半圆柱体相贯的气承式膜结构，如图 7.4.2 所示。主球体为高 45m 的椭球膜曲面，基础平面直径 60m。为增强结构抗风性能，沿纵向设 8 道下压索和 3 道连续互锁的夹板链。为便于大型试验车辆、仪器的出入通行，汽车通道为直径 43.6m 的大半圆柱体，基础平面尺寸长 38.8m×宽 38m，高 32.5m，大门宽 38m、高 32.5m。通道部分设置 4 道下压索和 2 道连续互锁的夹板链。

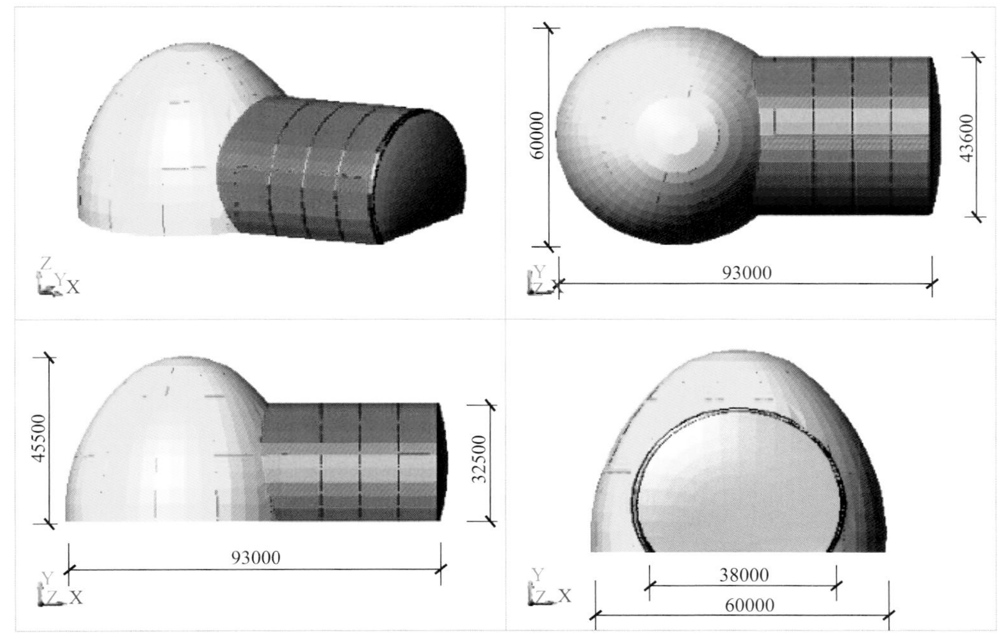

图 7.4.2 气承式膜结构四视图

(2) 气肋式膜结构

采用高压气肋作为气承式膜结构的支承体系，在大门开启时支承整个体系的自重；在特殊天气情况下与气承式膜结构组合共同抵御外部荷载。

在椭球体内布置了12道直径3m的经向气肋，其中2道气肋影响了通道的使用而将其下半部分取消，为增加经向气肋的侧向稳定性，布置3道直径2.5m的环向气肋。经向和环向气肋内部相通，形成密闭空间。在柱体内部布置5道直径2.5m半圆形气肋和3道直径2m的水平气肋。如图7.4.3所示。

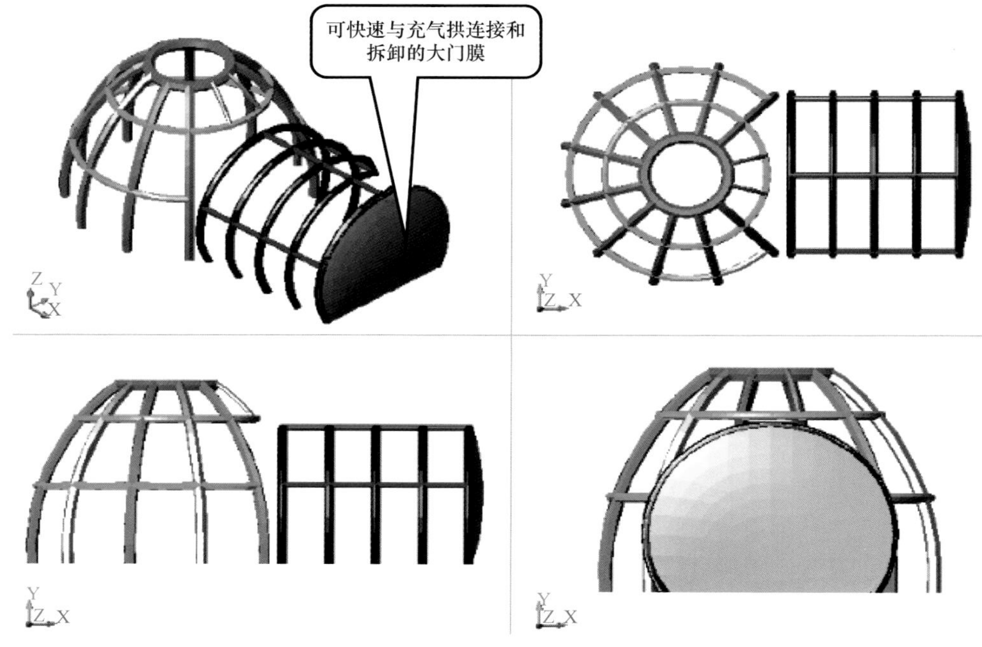

图7.4.3 气肋膜结构四视图

(3) 基础锚固系统

气承式膜结构采用钢筋混凝土条形抗拔基础，基础断面为倒T形，基础埋深1m，突出地面0.3m，总高度1.3m，基础底板宽1m。基础顶面预埋铝合金卡槽，铝合金卡槽断面形式为U形，两侧设置抗拔肋，通过防腐木条将膜边界绳边固定，良好的气密性可有效阻止膜内空气的泄露。铝合金卡槽具有优越的抗老化、耐腐能力及与膜材连接可靠的性能。

气肋式膜结构采用钢筋混凝土独立基础，长3.5m、宽3.5m，基础埋深1m，顶部突出地面0.3m，与条形基础顶部标高一致。气肋与基础采用弧形扁钢带封闭连接，安装和拆卸十分便利。其中4个独立基础的中部预留直径800mm孔洞，作为气肋膜结构的进气通道。

2. 结构分析

(1) 找形分析

找形分析的步骤为：首先建立一个与理想的最终形状接近的原始模型；再假定膜中应力和膜内气压（保持一个定值），进行找形计算；然后在找形过程中根据过程形状调整膜中的应力，直到形状满足功能要求为止。如图 7.4.4 所示。

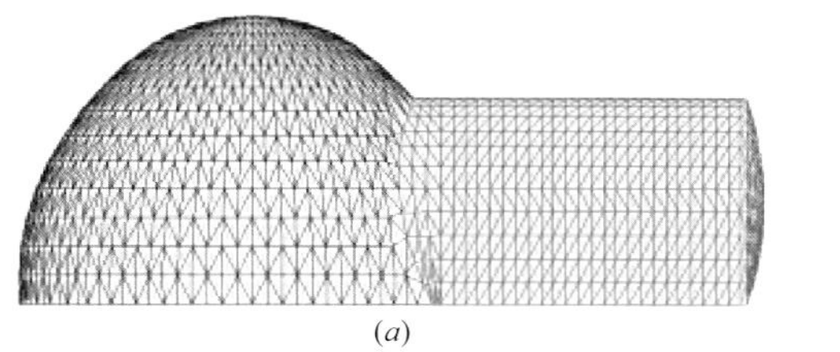

(*a*)

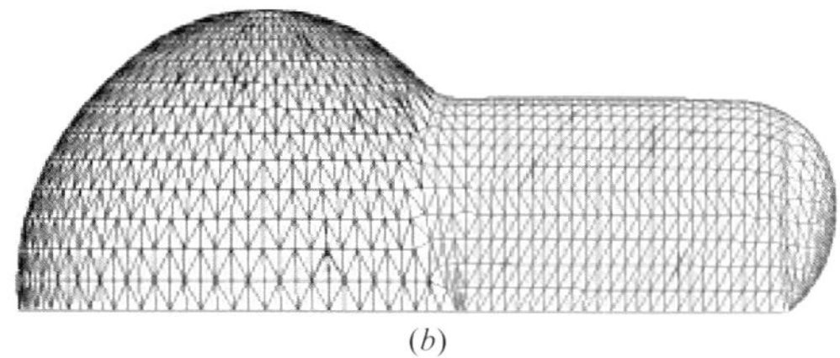

(*b*)

图 7.4.4 找形分析结果

(*a*) 找形前；(*b*) 找形后

(2) 气承式膜结构荷载分析

考虑以下五种荷载：

• 恒荷载：膜及附件自重

• 预应力：由找形分析确定，参与所有荷载组合

• 内压：在荷载分析过程中是一个变数，由式（7.4.1）计算确定，内压参与所有荷载组合。内压 p，膜内容积 V，摩尔气体常量 R 和气体温度 T 应满足下式：

$$pV = nRT = C \quad (C\text{是常量}) \tag{7.4.1}$$

• 风荷载：按荷载规范取值

• 雪荷载：按荷载规范等效平面面积取值

考虑以下四种荷载组合：

组合 1：恒荷＋预应力＋内压

组合 2：恒荷＋预应力＋内压＋雪荷载

组合 3：恒荷＋预应力＋内压＋X 向风荷载

组合 4：恒荷＋预应力＋内压＋Y 向风荷载

通过对上述四个荷载组合工况的受力分析可知：在球体与柱体交接部位出现应力集中现象；在荷载工况 2（向下雪荷载）作用下接近地面的一小部分膜单元受压出现皱褶。在各荷载工况下变形如图 7.4.5 所示，节点最大位移见表 7.4.1。

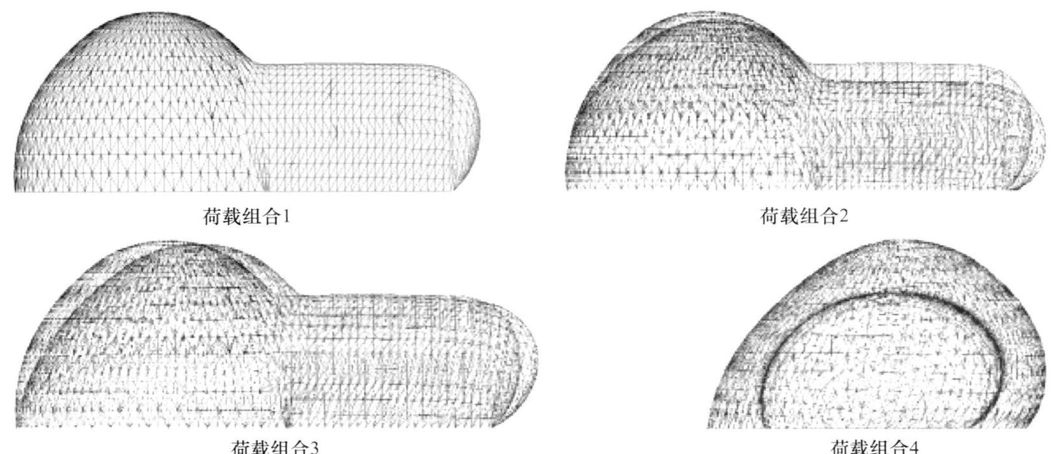

图 7.4.5 各荷载工况下变形图

节点最大位移（mm）　　表 7.4.1

荷载组合	X 方向位移（mm）	Y 方向位移（mm）	Z 方向位移（mm）
荷载组合 2	2853	2683	4789
荷载组合 3	5054	537	2054
荷载组合 4	795	6609	1650

（3）气肋式膜结构

当大门在理想天气开启时，气肋式膜结构仅承受自身重量和上部球形膜的重量，气肋展开面积约 5385.5m^2，自重约 64.3kN；外部球形膜面积约 8108.3m^2，重量约 97.3kN。气肋共有 5506 个计算节点，承受 161.6kN 荷载，平均每个节点承受 29.35N。在此荷载作用下，Z 方向最大位移 2350mm，应力及变形如图 7.4.6 所示。

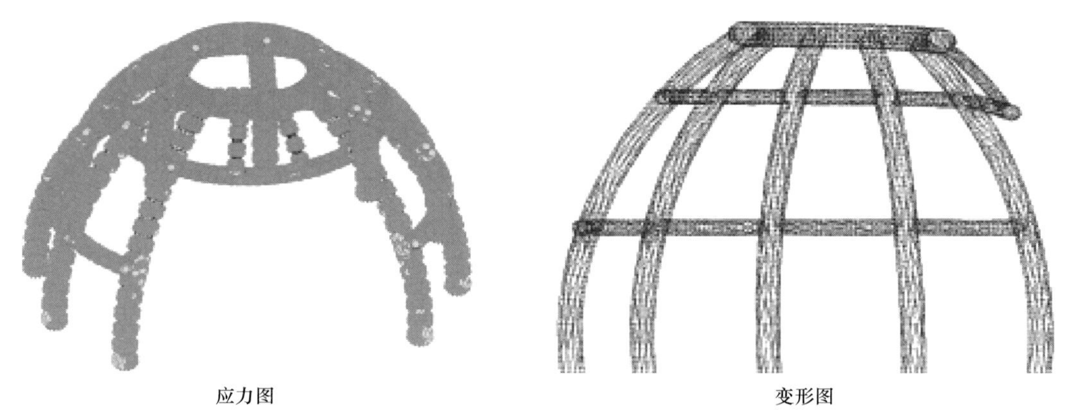

图 7.4.6　应力与变形

在特殊天气情况下气肋式模结构与气承式膜结构共同工作抵御外部荷载，如图 7.4.7 所示。

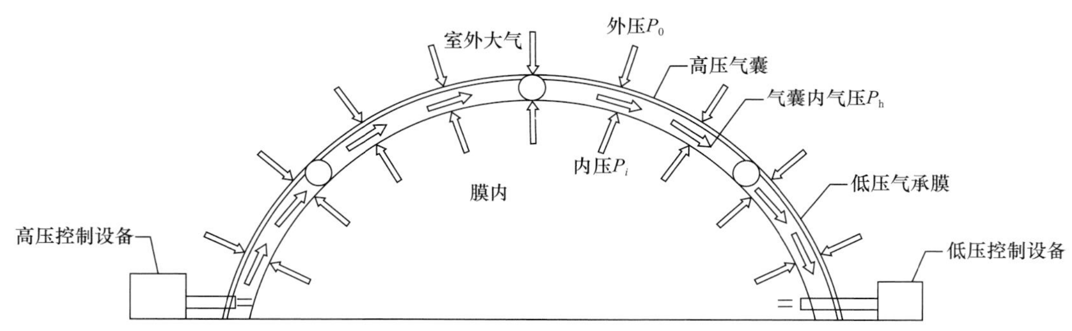

图 7.4.7　组合式充气膜结构工作示意

3. 安装

（1）现场连接件

为便于运输和安装，保证结构体系的安全性，整个膜体需进行适当的单元划分，并沿膜面设置一定的稳定索。现场连接件含两大部分，即夹板链条和下压索。夹板链条采用压制铝板，铝板规格为 50mm 宽、6mm 厚，交错压实，螺栓采用 M12 高强镀锌螺栓，间隔

100mm 布置。下压钢索网采用 $\phi20$ 高强镀锌 PE 钢索。

（2）安装工艺流程

安装前期准备→土建预埋件复测验收→自控设备安装→充气膜边界安装→主出入大门、紧急门安装→膜充气→膜面清理→清理现场→竣工验收。

（3）充气

检查预埋件位置，确保准确无误；将场地清理干净，将各膜单元大包按顺序放置在场地内，根据包装上的标识方向打开膜单元，现场连接夹板链条，将膜单元连成一整体，连接下压索，并固定，确认膜面完全密闭后，启动固定及临时风机系统对膜结构进行充气，直到膜面达到设计形状为止。

① 高低压自动控制系统属于两套完全独立的控制系统，均由变频器、PLC、压差传感器等组成，是组合式充气膜结构体系的大脑，可以给整个结构提供动力源。

② 初始充气时，低压系统先工作，通过三台独立的风机设备对密闭空间持续送风，使室内外形成一定的压力差，整个膜面逐渐鼓起至设计空间曲面，在室内外压力差达到设定值时，即可转换为一台鼓风设备低频运行，另外两台停止工作。

③ 在低压系统充气结束后，高压自动控制系统开始工作，整个气囊内部为一贯通密闭整体空间，通过鼓风设备向气囊内部充气，气囊逐渐依次鼓起，当气囊内压达到 7kPa 时，气囊起到了骨架支承作用。高压系统充气完成。图 7.4.8 所示为结构充气过程照片。

图 7.4.8 气肋充气过程

附录　充气膜结构材料选用表

浙江锦达膜材性能参数表

技术数据	JD6500B	JD9000B	标准
产品应用范围	静态及永久性结构-适合寒带及热带气候		
表面涂层	PVDF+TIO_2	PVDF	
预期使用寿命	>15 年		
纤维	1650 Dtex	2200 Dtex	中国
重量	1250g/m^2	1350g/m^2	EN ISO 2286-2
宽度	300cm	300cm	(±1mm)
抗拉强度（经向/纬向）	6500/6200N/5cm	9300/8500N/5cm	EN ISO 1421
抗撕裂强度（经向/纬向）	800/800N	1270/1280N	DIN 53363
剥离强度	180N/5cm	200N/5cm	DIN 53357
防火级别	B1	B1	DIN 4102-1
上述技术数据为平均值，允许公差为±5%。			
补充参考数据			
总厚度	1mm	1.13mm	FZ/T 01003—1991
抗微生物	Degree 0，excellent	Degree 0，excellent	
热能与光学数据			
阳光透射率 阳光反射率 遮阳系数 可见光透射率 可见光反射率	Ts 3.5% Rs 87% g 14% Tv 8% Rv 84%	Ts 3.3% Rs 87% g 14% Tv 7.5% Rv 84%	GB/T 2410—2008 BS 8493：2008 EN 410
紫外线透射率	0%	0%	EN 410
热传导 垂直位置 水平位置	 U=5.6W/(m^2·℃) U=6.4W/(m^2·℃)	 U=5.6W/(m^2·℃) U=6.4W/(m^2·℃)	
音障指数	ca. 14dBA	ca. 14dBA	ISO 140-3 & ISO 717-1
耐污等级	4.5	4.5	AATCC 130-2015
阻燃可选	M2、ASTM E84、 NFPA-701、CSFM	M2、ASTM E84、 NFPA-701、CSFM	
表面处理可选	亚克力	亚克力、二氧化钛	
基布可选	抗芯吸	抗芯吸	
温度	−40℃/+70℃	−40℃/+70℃	ASTM 02136-02 MSAJ/M-03：2003

注：上述数据值是模拟使用时的平均条件计算确定，这些数值应视为是大约数值。

浙江锦达膜材科技生产的高强度膜材具有如下特点：

1）PVDF 及纳米 TIO2 多层处理系统赋予膜材优异的耐黄变及自清洁性能，确保 15 年以上使用寿命；

2）全套意大利进口自动配料加色系统，保证配料精准无误，确保膜材性能均一稳定、无色差；

3）液体自动混料系统及核能质量扫描系统确保 PVC 浆料均匀统一，确保每批膜材性能和透光率高度一致。

中国浙江锦达膜材科技有限公司

地址：浙江省海宁市马桥街道红旗大道 51 号（邮编：314419）

网址：//www.jinda.com.cn，手机：15857335888，电话：0573-87768708

浙江汇锋膜材性能参数表

技术参数	250T-PVF(B)	250T-PVDF(G)	350T-PVF(B)	250T(B)	350T	450T	550T	检测标准
产品应用	建筑膜材-P类	建筑膜材-P类	建筑膜材-P类	建筑膜材-P类	建筑膜材-P类	建筑膜材-P类	建筑膜材-P类	—
表面涂层	PVF 覆膜	PVDF 覆膜	PVF 覆膜	PVDF 涂层	PVDF 涂层	PVDF 涂层	PVDF 涂层	—
预期使用寿命	>20 年	>20 年	>20 年	>15 年	>15 年	>15 年	>15 年	
厚度（mm）	1.00	0.93	1.10	0.8	1.00	1.08	1.16	GB/T 3820
克重（g）	1300	1150	1350	1050	1250	1350	1450	GB/T 4669
宽度（cm）	0<偏差<0.5	0<偏差<0.5	0<偏差<0.5	0<偏差<0.5	0<偏差<0.5	0<偏差<0.5	0<偏差<0.5	DIN 2286
抗拉强度（N/5cm）（经向/纬向）	5500/5300	5500/5300	6500/6300	5200/5000	6200/6000	7500/7000	8500/8000	DIN 53354
德标抗撕裂强度 N（经向/纬向）	850/830	850/830	950/930	850/830	950/930	1250/1200	1350/1300	DIN 53363
国标抗撕裂强度 N（经向/纬向）	450/430	450/430	650/630	450/430	650/630	850/830	920/900	GB/T 3917.3
剥离强度 N	120	120	120	120	120	120	120	DIN 53357
热传导率 λ [W/(m·K)]	0.16	0.16	0.16	0.16	0.16	0.16	0.16	GB/T 10294
透光率（%）	0	10	0	0	8	8	8	FZ/T 01009
阻燃性	B1	B1	B1	B1	B1	B1	B1	GB 8624
耐吸水性（mm）	<20	<20	<20	<20	<20	<20	<20	FZ/T 01071

注：上述数据值是模拟使用时的平均条件计算确定，这些数值应视为是大约数值。

浙江汇锋新材料股份有限公司生产的系列膜材具有以下特点：

1）PVF 系列膜材采用美国杜邦进口 PVF 膜与先进的覆膜技术，赋予膜材超强的耐候性与自洁性；

2）PVDF 覆膜产品，采用高耐候 PVDF 膜及覆膜工艺，性价比高；

3）汇锋与日本平冈共同研发膜材抗芯吸技术，可使拉伸强力 7000N 以上高强度膜材同时具备卓越的抗芯吸效果。

浙江汇锋新材料股份有限公司
浙江海宁经济开发区石泾路 28 号（邮编：314400）
公司网址：www.hfxcl.com.cn
联系方式：hnzlx@hfxcl.com，13957331631

浙江宏泰 HONTEX S7000VL 多层共聚交联涂层复合膜材（PVDF/PVF）性能参数表

技术数据	S7000VL 6000N	S7000VL 7000N	S7000VL 8000N	标准
产品应用范围	静态及永久性结构-适合寒带及热带气候			
表面涂层	多层共聚 PVDF+TiO2 交联涂层/PVF 膜			
预期使用寿命	>15 年			
纤维	1670Dtex	2200Dtex	2200Dtex	中国
重量	1100g/m^2	1300g/m^2	1350g/m^2	EN ISO 2286-2
宽度	178/300/360cm	178/300/360cm	178/300/360cm	(±1mm)
抗拉强度（经向/纬向）	6000/6000N/5cm	7000/7000N/5cm	8000/8000N/5cm	EN ISO 1421
抗撕裂强度（经向/纬向）	700/700N	1000/1000N	1200/1200N	DIN 53363
剥离强度	130N/5cm	140N/5cm	150N/5cm	NF EN ISO 2411
防火级别	B1	B1	B1	GB 8624
上述技术数据为平均值，允许公差为±5%。				
补充参考数据				
总厚度	0.88mm	1.04mm	1.08mm	
抗微生物	Degree 0，excellent	Degree 0，excellent	Degree 0，excellent	
热能与光学数据				
阳光透射率 阳光反射率 遮阳系数 可见光透射率 可见光反射率	Ts 10% Rs 75% g 14% Tv 8% Rv 84%	Ts 9% Rs 75% g 14% Tv 7.5% Rv 84%	Ts 8% Rs 75% g 14% Tv 7.0% Rv 84%	EN 410
紫外线透射率	0%	0%	0%	EN 410
热传导 垂直位置 水平位置	U=5.6W/(m^2·℃) U=6.4W/(m^2·℃)	U=5.6W/(m^2·℃) U=6.4W/(m^2·℃)	U=5.6W/(m^2·℃) U=6.4W/(m^2·℃)	
音障指数	ca. 14dBA	ca. 14dBA	ca. 14dBA	ISO 140-3 & ISO 717-1
回收利用技术	宏泰 Cybertex	宏泰 Cybertex	宏泰 Cybertex	

注：上述数据值是模拟使用时的平均条件计算确定，这些数值应视为是大约数值。

HONTEX，浙江宏泰新材料有限公司生产的 S7000VL 系列高强度聚酯多层共聚交联涂层膜材具有如下特点：

1）PRESET® 注册商标 双向预应力技术确保经向和纬向抗拉强度和延伸率曲线高度一致；

2）PVDF+TiO2 多层共聚交联涂层技术确保 15 年以上使用寿命；

3）宏泰 Cybertex 技术确保膜材可回收利用，制作宏远篷房卡条以及 PARRY® 品牌休闲包，详见 www.parry.cn；

4）宏泰 HONTEX 引进全套欧洲进口工业智造涂层线及核能驱动质量和密度扫描控制系统，确保各批膜材性能和透光率高度一致。

法拉利 TX30 交联涂层复合膜材（CROSSLINK PVDF）性能参数表

技术数据	TX30-Ⅱ	TX30-Ⅲ	标准
产品应用范围	静态及永久性结构-适合寒带及热带气候		
表面涂层	CROSSLINK PVDF 交联涂层		
预期使用寿命	>30 年		
纤维	1100Dtex	1100/1670Dtex	瑞士 Tersuisse
重量	1050g/m^2	1050g/m^2	EN ISO 2286-2
宽度	178cm	178cm	(±1mm)
抗拉强度（经向/纬向）	4300/4300N/5cm	5600/5600N/5cm	EN ISO 1421
抗撕裂强度（经向/纬向）	550/500N	800/560N	DIN 53.363
剥离强度	120N/5cm	120N/5cm	NF EN ISO 2411
防火级别	B1	B1	GB 8624
上述技术数据为平均值，允许公差为±5%。			
补充参考数据			
总厚度	0.78mm	0.78mm	
抗微生物	Degree 0，excellent	Degree 0，excellent	EN ISO 846 A
热能与光学数据			
阳光透射率 阳光反射率 遮阳系数 可见光透射率 可见光反射率	Ts 10% Rs 75% g 14% Tv 8% Rv 84%	Ts 9% Rs 75% g 14% Tv 7.5% Rv 84%	EN 410
紫外线透射率	0%	0%	EN 410
热传导 垂直位置 水平位置	U=5.6W/(m^2·℃) U=6.4W/(m^2·℃)	U=5.6W/(m^2·℃) U=6.4W/(m^2·℃)	
音障指数	ca. 14dBA	ca. 14dBA	ISO 140-3 & ISO 717-1
回收利用技术	Texyloop	Texyloop	

注：上述数据值是模拟使用时的平均条件计算确定，这些数值应视为是大约数值。

Serge Ferrari，法国法拉利技术织物工业集团生产的 TX30 高强度聚酯交联涂层膜材具有如下特点：

1）Precontraint 双向预应力技术确保不变形；

2）Crosslink 交联涂层技术确保 30 年以上使用寿命；

3）Texyloop 技术确保膜材可回收利用。

美国西幔 Shelter-Rite® PVF 膜材性能参数表

技术参数	产品型号		检测标准
产品名称	2880PF	3290PF	ASTM D751
基布类型	聚酯经编，254g/m²	聚酯经编，339g/m²	—
表面处理层	PVF 覆膜	PVF 覆膜	—
膜材厚度	737±51μm	838±76μm	ASTM D751
膜材重量	949g/m² +70/−35g/m²	1085g/m² +70/−35g/m²	ASTM D751
膜材幅宽	1.4224/1.8034m	1.651/1.8034m	ASTM D751
拉伸强度（条样法）（经向/纬向）	4580/4580 N/5cm	5780/5780 N/5cm	ASTM D751，Procedure B
梯形撕裂强度（经向/纬向）	378/378N	445/445N	ASTM D751
舌型撕裂强度（经向/纬向）	1223/1223N	1335/1335N	ASTM D751
焊缝剥离强度	90N/5cm	90N/5cm	ASTM D751，Dielectric Weld
焊缝静载荷强度	1183N@23℃，591N@71℃		ASTM D751，5cm 宽焊缝，加载 4 小时，2.5cm 宽条状试样
低温性能	−40℃（LTC 涂层） −55℃（LTA 涂层）		ASTM D2136
防火性能	2 秒钟内，离火自熄		NFPA 701
	火焰蔓延指数<25 烟雾扩散等级<450		ASTM E84
	B1 级（B 级）		GB 8624—2012（GB 8624—2006）
透光率	0～30%		
质保年限	20 年，包含强度和可清洁性能		—
预期使用寿命	40 年以上		—

注：以上数据为实验室测试得出的平均值，英制单位转换为公制单位的数值。

美国西幔公司（Seaman Corporation）Shelter-Rite® PVF 膜材的主要特点：

1）独特的经编聚酯基布，经纬向拉伸强度相同，撕裂强度高；

2）首创的聚氟乙烯（PVF）薄膜表面处理技术，耐久性能和自洁性能优异；

3）公司 70 年以上涂层织物技术，40 年以上的该膜材使用历史，20 年质保涵盖可清洁性能。

上海西幔贸易有限公司（美国西幔公司中国全资子公司）

上海市东川路 555 号紫竹高新区 6 号楼 104 室（邮编：200241）

公司网址：www.seamancorp.com/www.seamancorp.com.cn

联系方式：rjiang@seamancorp.com，13636626265，021-34293969

旭硝子 AGC Fluon® ETFE 膜材性能参数表

项目	测试方法	单位	级别							
			透明		金色	红色	蓝色	白色	印点	亚光磨砂
			300NJ	500NJ	250YG	250 401RED	250TB	250WT	250NJ	250HJ
材料厚度	DIN-53370 ISO-459	μm	300±15	500±15	250±13	250±13	250±13	250±13	250±13	250±13
		mil	20±0.6	40±0.6	10±0.5	10±0.5	10±0.5	10±0.5	10±0.5	10±0.5
单位面积质量	ISO-2286-2	g/m^2	525±26	876±26	437±22	437±22	437±22	437±22	437±22	437±22
相对密度	ASTM D792		1.75±3	1.75±3	1.75±3	1.75±3	1.75±3	1.75±3	1.75±3	1.75±3
极限拉伸应力	DIN-EN-ISO-527-3	MPa	50min.	50min.	45min.	50min.	50min.	50min.	50min.	45min.
	ASTM D638	MPa	50min.	50min.	45min.	50min.	50min.	50min.	50min.	45min.
		psi	7250min.	7250min.	7250min.	7250min.	7250min.	7250min.	7250min.	6525min.
极限拉应变率	DIN-EN-ISO-527-3	%	350min.	350min.	300min.	350min.	350min.	350min.	350min.	300min.
	ASTM D638	%	350min.	350min.	300min.	350min.	350min.	350min.	350min.	300min.
拉伸10%的拉伸应力	DIN-EN-ISO-527-3	MPa	19min.	19min.	19min.	19min.	18min.	16min.	18min.	17min.
	ASTM D882	MPa	19min.	19min.	19min.	19min.	18min.	16min	18min.	17min.
		psi	2610mm.	2610mm.	2610min.	2610min.	2610min.	2320min.	2610min.	2460mm.
撕裂强度	DIN-EN-1875-3	N/mm	400min.	400min.	360min.	400min.	400min.	400min.	400min.	360min.
	ASTM D1004	N/mm	140min.	140min.	140min	140min	140min	140min	140min	140min.
热收缩率	150℃，10 分钟	%	−1±5	−1±5	−1±5	−1±5	−1±5	−1±5	−1±5	−1±5
透光率	DIN-EN-410	%	88min.	85min.	14±8min.	30±5min.	78min.	30min.（550nm）	—	88min.
	ASTM D1003	%	88min.	85min.	14±8min.	30±5min.	78min.	30min.（550nm）	—	88min.
氧指数	ASTM D2863	%	32	32	32	32	32	32	32	32

德国 NOWOFOL ETFE 建筑膜材料 NOWOFLON® 性能参数表

<table>
<tr><th rowspan="3">参数</th><th rowspan="3">测试方法</th><th rowspan="3">单位</th><th colspan="8">型号</th></tr>
<tr><th colspan="6">天然透明</th><th>彩色膜</th><th>高效隔热膜（红外线隔断）</th></tr>
<tr><th></th><th></th><th></th><th></th><th></th><th></th><th></th><th></th></tr>
<tr><td>厚度</td><td>DIN 53370</td><td>μm</td><td>100</td><td>150</td><td>200</td><td>250</td><td>300</td><td>400</td><td>250
（200～300）</td><td>250</td></tr>
<tr><td>单位面积质量</td><td>DIN EN ISO 536</td><td>g/m²</td><td>175</td><td>263</td><td>350</td><td>438</td><td>525</td><td>700</td><td>438</td><td>438</td></tr>
<tr><td>密度</td><td>ASTM D792</td><td>g/cm³</td><td>1.75</td><td>1.75</td><td>1.75</td><td>1.75</td><td>1.75</td><td>1.75</td><td>1.75</td><td>1.75</td></tr>
<tr><td>极限拉伸应力</td><td rowspan="5">DIN EN ISO 527-1（纵向/横向）</td><td>MPa</td><td>50</td><td>50</td><td>50</td><td>55</td><td>55</td><td>55</td><td>52/55</td><td>52/55</td></tr>
<tr><td>极限拉伸强度</td><td>N/5cm</td><td>250</td><td>375</td><td>500</td><td>688</td><td>825</td><td>1,100</td><td>650/688</td><td>650/688</td></tr>
<tr><td>极限拉伸延长率</td><td>%</td><td>500</td><td>500</td><td>500</td><td>500</td><td>500</td><td>500</td><td>500</td><td>500</td></tr>
<tr><td>拉伸应力（延长 10%）</td><td>MPa</td><td>不少于20</td><td>不少于20</td><td>不少于20</td><td>不少于20</td><td>不少于20</td><td>不少于20</td><td>不少于20</td><td>不少于20</td></tr>
<tr><td>弹性模量（延长区间0.05%～1%）</td><td>MPa</td><td>950</td><td>950</td><td>950</td><td>950</td><td>950</td><td>950</td><td>950</td><td>950</td></tr>
<tr><td>抗撕裂强度</td><td>DIN 53363（纵向/横向）</td><td>N/mm</td><td>不少于400</td><td>不少于400</td><td>不少于400</td><td>不少于400</td><td>不少于400</td><td>不少于400</td><td>不少于400</td><td>不少于400</td></tr>
<tr><td>太阳能热增益系数</td><td>DIN 13363-2</td><td>—</td><td>0.93</td><td>0.92</td><td>0.91</td><td>0.9</td><td>0.89</td><td>0.86</td><td>0.27～0.79</td><td>0.56</td></tr>
<tr><td>透过率太阳辐射</td><td rowspan="2">DIN EN 410</td><td>%</td><td>—</td><td>—</td><td>91</td><td>90</td><td>89</td><td>—</td><td>3～77</td><td>44</td></tr>
<tr><td>透过率可见光</td><td>%</td><td>93</td><td>92</td><td>90</td><td>89</td><td>88</td><td>86</td><td>0～73</td><td>55</td></tr>
<tr><td>使用温度范围</td><td>—</td><td>℃</td><td>－200～150</td><td>－200～150</td><td>－200～150</td><td>－200～150</td><td>－200～150</td><td>－200～150</td><td>－200～150</td><td>－200～150</td></tr>
<tr><td>熔点</td><td>ASTM D4591</td><td>℃</td><td>265</td><td>265</td><td>265</td><td>265</td><td>265</td><td>265</td><td>265</td><td>265</td></tr>
</table>

德国 NOWOFOL 有限公司　中国联络处：
上海氟洛瑞高分子材料有限公司
电话：＋86 15000119901
www.nowofol.de　　Email：info@nowofol.de

参考文献

1. 薛素铎，王慧，韩更赞，李雄彦. ETFT 膜结构的特点及在我国的应用［A］. 第十四届空间结构学术会议论文集［C］. 2012：310～315.
2. 王海明. ETFT 膜结构主要形式及 ETFT 工程难点［J］. 世界建筑，2009，10：105～109.
3. 赵大鹏，陈务军，张丽梅. 大型充气膜结构及膜材的发展概述［J］. 建筑施工，30（2）：135～139.
4. 李中立. 中国膜结构发展现状［J］. 工业建筑，2011，增刊：60～68.
5. 我国第一幢充气结构游泳馆建成［J］. 土木工程学报，5，1995：75.
6. 陈务军. 膜结构工程设计［M］. 北京：中国建筑工业出版社，2005.
7. 沈世钊，徐崇宝，赵臣，武岳. 悬索结构设计［M］. 北京：中国建筑工业出版社，2006.
8. Cédric Galliot，Rolf H. Luchsinger. Structural behavior of symmetric spindle-shaped Tensairity girders with reinforced chord coupling［J］. Engineering Structures，2013，56：407～416.
9. Kinya Ando，Atushi Ishiia，Toshio Suzuki，KeijiMasuda，YoshihitoSaito. Design and construction of a double membrane air-supported structures［J］. Engineering Structures，1999，21：786～794.
10. Alberto Gómez-González，Javier Neila，Juan Monjo. Pneumatic skins in architecture. Sustainable trends in low positive pressure inflatable systems［J］. Procedia Engineering，2011，21：125～132.
11. GB/T 30161—2013. 膜结构用涂层织物［S］. 北京：中国标准出版社，2013.
12. CECS 158：2015. 膜结构技术规程［S］. 北京：中国计划出版社，2015.
13. JGJ 257—2012. 索结构技术规程［S］. 北京：中国建筑工业出版社，2012.
14. CJ/T 504—2016. 高密度聚乙烯护套钢丝拉索［S］. 北京：中国标准出版社，2016.
15. CJ/T 495—2016. 城市桥梁缆索用钢丝［S］. 北京：中国标准出版社，2016.
16. JGJ 214—2010. 铝合金门窗工程技术规范［S］. 北京：中国建筑工业出版社，2010.
17. GB 50429—2007. 铝合金结构设计规范［S］. 北京：中国计划出版社，2008.
18. CECS 410：2015. 不锈钢结构技术规范［S］. 北京：中国计划出版社，2015.
19. GB 50017—2017. 钢结构设计标准［S］. 北京：中国建筑工业出版社，2010.
20. GB/T 3098.6—2014. 紧固件机械性能 不锈钢螺栓、螺钉和螺柱［S］. 北京：中国标准出版社，2014.
21. GB/T 1231—2016. 钢结构用高强度大六角头螺栓、大六角螺母、垫圈技术条件［S］. 北京：中国标准出版社，2006.
22. GB/T 2680—94. 建筑玻璃可见光透射比、太阳光直接透射比、太阳能总透射比、紫外线透射比及有关窗玻璃参数的测定［S］. 北京：中国标准出版社，1994.
23. GB 50034—2013. 建筑照明设计标准［S］. 北京：中国建筑工业出版社，2013.
24. JGJ 153—2016. 体育场馆照明设计及检测标准［S］. 北京：中国建筑工业出版社，2016.
25. GB 50016—2014. 建筑设计防火规范［S］. 北京：中国计划出版社，2014.
26. GB 8624—2012. 建筑材料及制品燃烧性能分级［S］. 北京：中国标准出版社，2012.
27. GB 50189—2015. 公共建筑节能设计标准［S］. 北京：中国建筑工业出版社，2015.
28. GB/T 20118—2017. 钢丝绳通用技术条件［S］. 北京：中国标准出版社，2017.

29. GB 8918—2006. 重要用途钢丝绳 [S]. 北京：中国标准出版社，2006.
30. GB 50009—2012. 建筑结构荷载规范 [S]. 北京：中国建筑工业出版社，2012.
31. CSA S367-12. Air-，cable-，and frame-supported membrane structures [S]. Mississauga：Canadian Standards Association，2012.
32. ASCE 17-96. Air-Supported Structures [S]. New York：American Society of Civil Engineers，1996.
33. GB 50205—2001. 钢结构工程施工质量验收规范 [S]. 北京：中国标准出版社，2001.
34. GB 50300—2013. 建筑工程施工质量验收统一标准 [S]. 北京：中国建筑工业出版社，2013.
35. DB11/T 743—2010. 膜结构工程施工质量验收规程 [S]. 北京：北京城建科技促进会，2010.
36. GB/T 13350—2017. 绝热用玻璃棉及其制品 [S]. 北京：中国标准出版社，2017.
37. ASTM D4851-07（2015）. Standard Test Methods for Coated and Laminated Fabrics for Architectural Use [S]. West Conshohocken：American Society for Testing Materials，2015.
38. ASTM E84-19a. Standard Test Method for Surface-Burning Characteristics of Building Materials [S]. West Conshohocken：American Society for Testing Materials，2019.
39. ASTM E108-17. Standard Test Method for Fire Tests of Roof Coverings [S]. West Conshohocken：American Society for Testing Materials，2017.
40. ASTM E136-19. Standard Test Method for Assessing Combustibility of Materials Using a Vertical Tube Furnace at 750℃ [S]. West Conshohocken：American Society for Testing Materials，2019.
41. NFPA 701—1989. Standard Methods of Fire Tests for Flame-Resistant Textiles and Films [S]. Quincy：National Fire Protection Association，1989.
42. ASTM D751-06（2011）. Standard Test Methods for Coated Fabrics [S]. West Conshohocken：American Society for Testing Materials，2011.
43. ASTM D2136-02（2012）. Standard Test Method for Coated Fabrics—Low-Temperature Bend Test [S]. West Conshohocken：American Society for Testing Materials，2012.
44. ASTM E903-12. Standard Test Method for Solar Absorptance，Reflectance，and Transmittance of Materials Using Integrating Spheres [S]. West Conshohocken：American Society for Testing Materials，2012.
45. ASTM D792-13. Standard Test Methods for Density and Specific Gravity（Relative Density）of Plastics by Displacement [S]. West Conshohocken：American Society for Testing Materials，2013.